职业道德与法律

主　编　邱逸峰　周晓瑜
副主编　邵敏霞　马琴芬　陈艳菲
　　　　许杭建　蒋洁芳　孙小博

北京理工大学出版社
BEIJING INSTITUTE OF TECHNOLOGY PRESS

图书在版编目（CIP）数据

职业道德与法律学习指导 / 邱逸峰，周晓瑜主编. —北京：北京理工大学出版社，2022.12
重印

ISBN 978-7-5682-4493-0

Ⅰ．①职… Ⅱ．①邱… ②周… Ⅲ．①职业道德-教材 ②法律-中国-教材 Ⅳ．①B822. 9
②D92

中国版本图书馆 CIP 数据核字（2017）第 184898 号

出版发行／北京理工大学出版社

社　　　址／北京市海淀区中关村南大街 5 号

邮　　　编／100081

电　　　话／（010）68914775（总编室）

　　　　　　（010）82562903（教材售后服务热线）

　　　　　　（010）68944723（其他图书服务热线）

网　　　址／http：//www.bitpress.com.cn

经　　　销／全国各地新华书店

印　　　刷／定州市新华印刷有限公司

开　　　本／787 毫米×1092 毫米　1/16

印　　　张／6

字　　　数／82 千字

版　　　次／2022 年 12 月第 1 版第 6 次印刷

定　　　价／15.00 元

责任编辑/张荣君

文案编辑/张荣君

责任校对/周瑞红

责任印制/边心超

前　言

　　《职业道德与法律学习指导》根据教育部颁布的《职业道德与法律教学大纲》和北京理工大学出版社出版的《职业道德与法律》教材编写，该书作为学习用书，旨在帮助学生在课外巩固课堂上所学知识，进一步帮助学生提升文明礼仪素养，贯彻职业道德基本规范，陶冶道德情操，增强职业道德意识，养成职业道德行为习惯，掌握法律常识，以及树立法治观念。同时，该书也可以作为授课教师的教辅用书。

　　该书倡导自主、合作以及探究式的学习理念，编写思路力求贴近中职学生的文化基础和思维逻辑，突出对中职学生职业道德素质和法律素养提升的作用。该书的编写体例完全参照教材，"目标导引"栏目帮助学生回顾教材各专题的学习要求，"要点速记"帮助学生回顾教材各专题的知识结构，"知识梳理"为学生罗列出教材各专题的主要知识点，"课堂导学"就教材各专题重点难点作典型例题的分析讲解，"强化巩固"在对学生基础知识巩固的基础上，以题库的形式加强了综合能力的训练。

　　通过对本书的学习，学生的职业道德素质和法律素质将得到进一步的巩固，有利于引导学生职业道德素养和社会主义法治意识的双提升。

编　者

目　　录

专题五　依法从事民事经济活动　维护公平正义/064

专题一　习礼仪　讲文明

目标导引

1. 认知目标：

（1）知道认识自己、珍惜人格、遵守礼仪的意义；

（2）了解个人礼仪、交往礼仪的基本要求及其蕴含的道德意义；

（3）了解职业礼仪的基本要求；

（4）理解职业礼仪蕴含的道德意义。

2. 情感态度观念目标：

（1）认识自己，珍惜人格，尊重自己，塑造自己的良好形象；

（2）以遵守个人礼仪为荣；

（3）尊重他人，平等待人；

（4）体会交往礼仪的亲和作用，善于与他人友好交往、相处；

（5）增强主体意识和交往规则意识。

3. 运用目标：

（1）学会认识自己，分析自己的特点，找准自己的定位；

（2）养成遵守个人礼仪的习惯，自觉遵守个人礼仪规范，保持良好的自我

形象；

（3）养成遵守交往礼仪的习惯，自觉遵守交往礼仪规范；

（4）自觉践行职业礼仪规范，展示职业风采。

知 识 架 构

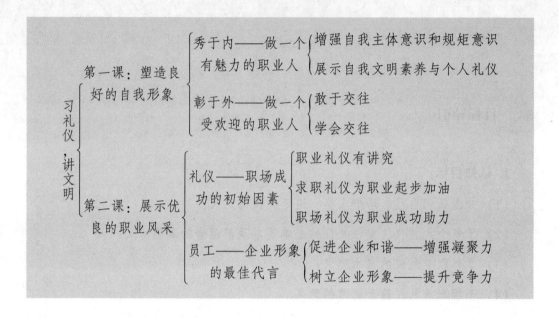

 知识梳理

一、塑造良好的自我形象

（一）秀于内——做一个有魅力的职业人

1. 增强自我主体意识和规矩意识

（1）职业、职业人的定义。职业，指社会赋予每个人的使命和责任。职业人，指愿意并能够完成使命、承担责任的人。

（2）正确认识自己，在客观分析自己实际的基础上，在自我接受的前提下，欣赏自己的优点，容纳自己的不足，继而逐渐完善自我品格，使自己在未来得到更好的发展。

正确认识自己的主要方法：比较法、自评法、他评法、心理测评法。

（3）规矩意识是一种自觉的纪律观念、底线观念。

以遵纪守法为荣，以违法乱纪为耻，养成依法办事的好习惯，自觉维护良好的社会秩序，这样才能营造一个人与人和谐相处的良好社会环境。

2. 展示自我文明素养与个人礼仪

（1）文明素养的含义。文明素养，指人类平时在科学文化知识、艺术、思想道德等方面所达到的一定水平，较科学、较先进、较主流，符合时代要求，反之为不文明素养。

文明素养又建立在个人的道德修养之上，所以个人的文明素养是根本。

（2）礼仪的概念。礼仪，泛指人们在社会交往活动中所形成的基于友爱共同遵循的行为规范和准则。文明礼仪是社会文明程度的重要标志。

（3）个人礼仪的内容包括清洁卫生、服饰合宜、言谈得体、举止优雅等几个方面。

（4）个人礼仪的基本要求：仪容仪表整洁端庄，言谈举止真挚大方，服装饰物搭配得体，面容表情自然舒展。

（5）"第一印象"效应：人们对他人的第一印象主要来自于对其相貌、仪表、服饰、表情、姿态、态度、谈吐、举止等外在因素的感受，也称首应效应、首次效应或优先效应。

（6）良好的文明素养和个人礼仪的作用：①能改善我们的人际关系，使交往对象之间相互敬重，产生维持彼此交往的热情和愉悦；②有助于完善我们的人格，调节我们的道德修养行为。

（二）彰于外——做一个受欢迎的职业人

1. 敢于交往

（1）交往的作用。交往能让我们感受到幸福和快乐，能消除我们的孤独感，获得内心的满足。

（2）敢于交往的要素：自信。自信是交往场合中一个很可贵的心理素质。一个充满自信的人，才能在交往中不卑不亢、落落大方，遇到强者不自惭，遇到困境不气馁，遇到恶行敢于挺身而出，遇到弱者会伸出援手；一个缺乏自信的人，就会处处碰壁。

自信是获得成功的保证。自信心能使我们不断地超越自己，敢于和人交往。

2. 学会交往

（1）交往礼仪的概念。交往礼仪，指社会成员在相互往来中的行为规范和待人处世的准则。交往礼仪的核心是尊重和友好。

（2）交往礼仪的基本要求：平等互尊、诚实守信、团结友爱、互利互惠。

（3）如何自觉践行交往礼仪（即如何从养成遵守交往礼仪规范的习惯做起）：

①从小事做起，注意细节。一声亲切的称呼、一句得体的问候、一次善意的交谈等细节，看似微不足道，却会影响我们的交往活动。

②平等相待，尊重他人。在人际交往中，要真诚待人，与人为善。要善解人意，为他人着想。只有尊重他人，才能赢得相互间的尊重。

③顾全大局，求得和谐。当个人利益和集体利益、他人正当利益发生冲突时，应以集体利益为重，尊重他人的正当利益，顾全大局，团结友善，和谐共处。

④增强意志力，提高自控力。作为中职生，要不断提高辨别是非的能力，通过增强自我控制力，逐步克服一些影响成长的不良习惯。

二、展示优良的职业风采

（一）礼仪——职场成功的初始因素

1. 职业礼仪有讲究

（1）职业礼仪的概念。职业礼仪，指人们在职业生活和商务活动中要遵循的礼仪，是一般礼仪在职业和商务活动中的运用和体现。它包括求职面试礼仪、社会服务礼仪、职业场所礼仪、商务活动礼仪等。

（2）职业礼仪的基本要求：爱岗敬业、尽职尽责、诚实守信、优质服务、仪容端庄、语言文明。

（3）职业礼仪养成具有的道德意义：

①践行职业礼仪，增加个人自信。职业礼仪可以规范从业人员的言谈举止。在此过程中，你会感觉到自己是个有修养的人，同时由于对别人彬彬有礼、办事妥当，大家自然会有所好评。这些来自内在和外在的好感，都不同程度地提高了从业人员的自信心。

②践行职业礼仪，提高工作热忱。如果在工作中大家都践行职业礼仪，那么我们将会有一个融洽的工作环境、愉悦的工作心情，从而大大提高职场人的工作热忱度，更加爱岗敬业。反之，工作效率也会相应降低。

我们要做最好的自己，做尊重他人的人，就必须讲究职业礼仪；我们敬重自己的职业，做优秀的职业人，就必须遵从职业礼仪；我们遵守职业礼仪，就要在提高认识、见诸行动和培养习惯上下功夫。

2. 求职礼仪为职业起步加油

（1）面试礼仪。

①面试前，应注重礼仪形象，让自己显得更有魅力，显得更具备所求职业的素质。男性宜选穿深色西装，白色衬衫，长裤要熨烫笔挺。女性最好能穿高跟鞋和套装，颜色淡雅，不宜过于花哨，不宜暴露，宜化淡妆。

②面试中，交谈要诚恳热情，谨慎多思，把握分寸，使用谦虚的、征询意见的话语。交谈姿态优雅，保持微笑，不要紧贴着椅背坐，不可以做小动作。

③面试后，为增强求职成功的可能性，应在面试后的两三天内，给招聘人员写封信表示感谢。

（2）求职礼仪的作用：正确的求职礼仪就像一把钥匙，在首次相见中就能打开机遇的大门，为事业起步加油。错误的求职礼仪会让千辛万苦的努力化为泡影。

3. 职场礼仪为职业成功助力

美国著名成人教育家卡耐基认为：一个人事业上的成功，只有15%是靠他的专业技术，另外85%要靠人际关系、处世技巧。处理好工作中的人际关系，包括上级和同事两个方面。

（1）面对上级，首先要尊重，这是人与人友好相处的基础。其次要在工作中配合你的上级：一方面应该顾全大局而不计较个人得失；另一方面要掌握分寸与角色艺术，在正确的时间、地点，以正确的方式尽可能地帮助上级。

（2）面对同事，应注意以下几个方面：

一是性格开朗，拉近同事与你的距离；

二是礼仪周到，不卑不亢，谦恭有礼；

三是竞争含蓄，不耍手段、不玩技巧，与同事公平竞争；

四是作风正派，包括勤奋、廉洁的工作作风和正派的生活作风。

（二）员工——企业形象的最佳代言

1. 促进企业和谐——增强凝聚力

企业的凝聚力，需要员工自觉主动地遵守职业礼仪规范，约束自己的行为，这样就容易在企业内部建立起相互尊重、彼此信任、友好合作的关系，使企业上下一心、同舟共济，增强企业的凝聚力，促进企业的和谐发展。

2. 树立企业形象——提升竞争力

（1）企业形象的作用：良好的企业形象为企业间的合作、企业的发展奠定良好的基础。不良的企业形象则可能给企业造成不利的影响甚至巨大的损失。

（2）员工职业形象对企业的作用：员工良好的职业形象，能为企业赢得更多客户，促进企业的发展，赢得市场。反之，则有损企业形象，失去顾客，失去市场，最终在竞争中处于不利地位。

（3）在职业生涯中，遵守职业礼仪的作用：

首先，遵守职业礼仪，不仅会增强企业的凝聚力，会帮助企业进行良好的社会交往，而且有效传递信息，最终为企业的竞争力的提升起促进作用。

其次，遵守职业礼仪，我们才能立足社会，立足行业，发展企业，成就自我。

 课堂导学

例题1：掌握了个人礼仪的要求就能塑造出良好形象。（判断）

解析：此观点错误。掌握个人礼仪的基本要求是塑造良好形象的举措之一，但不是唯一的举措。塑造良好的个人形象还需要学习交往礼仪、职业礼仪等内容，并且不断加强自身内在品德的修养，从而具有良好的文明素养。

例题2：以下哪一项不属于职业礼仪的基本要求（　　　）（单选）

A. 爱岗敬业　　　　B. 尽职尽责　　　　C. 互利互惠　　　　D. 优质服务

解析：正确答案应为 C。本题考察的是职业礼仪的基本要求，要跟个人礼仪、交往礼仪相区分。选项 A、B、D 都是职业礼仪的基本要求，只有选项 C 属于交往礼仪的基本要求，所以正确答案选 C。

例题3：关于遵守职业礼仪的意义，以下叙述正确的是（　　　）（多选）

A. 遵守职业礼仪能增强企业凝聚力

B. 遵守职业礼仪为提升企业的竞争力起促进作用

C. 遵守职业礼仪，才能立足社会，成就自我

D. 遵守职业礼仪可以展现职业特色

解析：正确答案应为 ABC。本题考查的是遵守职业礼仪的作用。在职业生涯中，遵守职业礼仪的作用为：首先，遵守职业礼仪，不仅会增强企业的凝聚力，会帮助企业进行良好的社会交往，而且有效传递信息，最终为企业的竞争力起促进作用。其次，遵守职业礼仪，我们才能立足社会，立足行业，发展企业，成就自我。故本题正确答案为 ABC。

强化巩固

一、判断题

1. 要做一个有魅力的、受人欢迎的职业人，就要有主体意识。　　（　　）

2. 要树立自信心，就不应该谦虚，应该更多地自我欣赏、自我陶醉。（　　）

3. 个人礼仪只需关注仪容仪表即可。　　　　　　　　　　　　　（　　）

4. 能给人留下美好的第一印象就成功了一半，这说明了个人礼仪的重要性。

　　　　　　　　　　　　　　　　　　　　　　　　　　　　（　　）

5. 要塑造良好的个人形象，就必须重视文明素养和个人礼仪的养成。（　　）

6. 自信心能使我们不断地超越自己，敢于和人交往。　　　　　　（　　）

7. 成大事者不拘小节，所以日常交往中，不需要注意细节。　　　（　　）

8. 员工个人的礼仪习惯对企业形象没有任何影响。　　　　　　　（　　）

9. 女性面试者应穿高跟鞋和套装，颜色鲜艳，宜化浓妆。　　　　（　　）

10. 在职场中，职业人面对晋升、加薪，绝不放弃与同事公平竞争的机会。

　　　　　　　　　　　　　　　　　　　　　　　　　　　　（　　）

二、单选题

1. 接触一个人，给人留下直接而敏感的第一印象的是(　　　)

A. 个人礼仪　　　　　　　　　　　B. 交往礼仪

C. 职业礼仪　　　　　　　　　　　D. 公共礼仪

2. "规矩意识"是一种自觉的纪律观念、_____观念。(　　　)

A. 法制　　　　　　　　　　　　　B. 法治

C. 道德　　　　　　　　　　　　　D. 底线

3. 文明素养建立在个人的_____之上，所以个人的文明素养是根本。(　　　)

A. 道德修养   B. 自律精神

C. 法制观念   D. 学识渊博

4. 下列哪一项不属于个人礼仪的内容（   ）

A. 清洁卫生   B. 服饰合宜

C. 言谈得体   D. 诚实守信

5. 下列哪一项不是交往礼仪的基本要求（   ）

A. 平等互尊   B. 团结友爱

C. 爱护环境   D. 互利互惠

6. 以下不属于职业礼仪基本要求的是（   ）

A. 诚实守信   B. 尊老爱幼

C. 仪容端庄   D. 语言文明

7. 以下哪一种着装类型适合男性求职者（   ）

A. 深色西装，白色衬衫   B. 深色西装，深色衬衫

C. 浅色西装，深色衬衫   D. 浅色西装，浅色衬衫

8. 面试中，正确的交谈姿态是（   ）

A. 表情严肃，不苟言笑   B. 紧贴椅背而坐

C. 夸夸其谈，表情夸张   D. 姿态优雅，保持微笑

9. 以下选项中，配合上级工作的做法，哪个是错误的（   ）

A. 顾全大局不计个人得失

B. 法律规定人人平等，所以上级安排的工作不想做就可以不做

C. 掌握分寸与角色艺术

D. 在正确的时间、地点，以正确的方式尽可能地帮助上级

10. 对职业礼仪作用的描述，以下说法不正确的是（   ）

A. 直接帮助企业增加利润

B. 能够协调企业内部的人际关系

C. 有助于加强人们之间的友好合作关系

D. 促进企业的和谐发展

三、多选题

1. "敬人者，人恒敬之"，孟子的这句话告诉我们(　　)

A. 展示出我们的尊严，就能得到他人的敬重

B. 真诚、尊重和热情，是我们与人交往成功的基础

C. 有敬人之心，不一定非要有敬人之理

D. 交往礼仪的核心是示人以尊重、待人以友好

2. 善于与他人交谈，要讲究(　　)

A. 不同场合、不同对象、不同性质交往中的不同礼仪

B. 倾听的艺术，要聚精会神，目光专注

C. 使用礼貌用语

D. 注意提问的内容和方式

3. 交往礼仪的基本要求是 (　　)

A. 平等互尊　　　　　　　　　　B. 诚实守信

C. 团结友爱　　　　　　　　　　D. 互利互惠

4. 职业礼仪包括 (　　)

A. 求职面试礼仪　　　　　　　　B. 社会服务礼仪

C. 职业场所礼仪　　　　　　　　D. 公共礼仪

5. 下列行为中体现了"良好礼仪之美"的是 (　　)

A. 与人谈话时不停地查看或编发短信

B. 与人握手时目光注视对方，以表示对方的尊重

C. 与人握手时，同时与多人交叉握手

D. 穿西装时先将西装袖口上的商标拆除

四、问答题

1. 个人礼仪的内容和基本要求是什么？

2. 如何自觉践行交往礼仪？

3. 简述职业礼仪的基本要求以及蕴含的道德意义。

4. 面对上级和同事，如何处理好工作中的人际关系？

5. 在职业生涯中，注重良好的礼仪有什么作用？

五、案例分析题

1. 在日本的人寿保险界，有一位响当当的人物，被日本人尊崇为"推销之神"。他就是身高只有 1.45 米、被人称为是"矮冬瓜"的原一平。貌不惊人、又小又瘦的他，横看竖看，实在缺乏吸引力，可以说是先天不足。但他却苦练笑容，取得一般人、甚至那些条件比他好得多的人都没法取得的成功。他的笑被日本人誉为"值百万美金的笑"。

（1）从原一平被人称为"矮冬瓜"到被人尊崇为"推销之神"的变化，说明我们要获得成功首先从什么开始？

（2）"值百万美金的笑"为原一平的推销生涯增添了魅力，成功地让别人悦纳了他。那么我们要塑造自身良好的形象，可以从哪些方面入手？

（3）此故事对你有何启发？

2. 一家医疗器械公司与美国客商已达成引进"大输液管"生产线协议的意向，第二天就要签字了。可是，当公司负责人陪同外商参观车间的时候，有一位员工向墙角吐了一口痰，并很自然地用穿着的拖鞋鞋底去擦。这一幕让外商彻夜难眠，第二天他让翻译给那位负责人送去一封信："恕我直言，一位公司员工的卫生习惯、穿着要求可以反映一个工厂的管理素质。况且，我们今后要生产的是用来治病的输液皮管。贵国有句谚语：人命关天！请恕我不辞而别。"一项已基本谈成的项目，就这样"吹"了，而该员工也随即被辞退。

（1）是什么因素导致这项基本谈成的项目"吹"了？为什么？

（2）从该员工身上我们可以汲取什么教训？

专题二　知荣辱　有道德

 目标导引

1. 认知目标：

（1）了解道德的特点和作用；

（2）了解社会主义道德和职业道德基本规范；

（3）理解公民基本道德规范的要求；

（4）知道家庭美德的作用；

（5）了解良好道德是人生发展、社会和谐的重要条件。

2. 情感态度观念目标：

（1）懂得道德对于完善人格、成就事业、促进社会和谐发展的作用；

（2）增强爱岗敬业精神和诚信、公道、服务、奉献等职业意识；

（3）认同公民道德和职业道德基本规范；

（4）以遵守道德为荣、以违背道德为耻；

（5）崇尚道德高尚的人，追求高尚的道德人格。

3. 运用目标：

（1）自觉践行公民道德和职业道德基本规范；

（2）养成良好的职业行为习惯。

第三课：道德规范 人生发展、社会和谐 的重要条件	修身齐家—— 道德促进人生发展	理解公民基本道德规范
		弘扬社会公德，践行家庭美德
	济世安邦—— 道德促使社会和谐	增强个人道德修养
		道德力量催生幸福
		社会和谐源自人心

知荣辱，有道德

第四课：职业道德 职场纵横、职业成功 的必要保证	立足本职，提升业务	职业道德须谨记
		爱岗敬业要落实
	诚实守信，办事公道	诚实守信讲原则
		办事公道不偏私
	服务群众，奉献社会	服务群众作宗旨
		奉献社会存公心

第五课：优良习惯 行业道德、行业风纪 的必备要求	提升职业道德境界	职业道德须养成
		慎独——因自制而优秀
		内省——因反思而进步
	培养职业行为习惯	见贤思齐——榜样显力量
		以小见大——细处见真章
		身体力行——坚持方成器

 知识梳理

一、道德规范：人生发展、社会和谐的重要条件

（一）"修身齐家"——道德促进人生发展

1. 道德的特点与分类

（1）道德的定义。道德，指衡量行为正当与否的观念标准。一个社会一般有社会公认的道德规范。只涉及个人、个人之间、家庭等的私人关系的道德，称私德；涉及社会公共部分的道德，称为社会公德。

（2）道德的特点。道德是一种社会意识形态，它是人们共同生活及其行为的准则和规范。不同的时代、不同的阶级有不同的道德观念，没有任何一种道德是永恒不变的。

道德很多时候跟"良心"一起谈及，良心是指自觉遵从主流道德规范的心理意识。

道德不是天生的，人类的道德观念是受到后天的宣传教育及社会舆论的长期影响而逐渐形成的。

2. 公民基本道德规范、家庭美德和社会公德

2001年9月20日，中共中央颁发了《公民道德建设实施纲要》，文件就公民道德建设的重要性、指导思想和方针原则、主要内容等方面做了详细的解释，并提出了大力加强基层公民道德教育、深入开展群众性的公民道德实践活动、积极营造有利于公民道德建设的社会氛围、努力为公民道德建设提供法律支持和政策保障、切实加强对公民道德建设的领导等方针。

（1）公民基本道德规范。《公民道德建设实施纲要》把公民基本道德规范集中概括为二十个字："爱国守法、明礼诚信、团结友善、勤俭自强、敬业奉献"。这一

基本道德规范的形成，是我们党对建立与社会主义市场经济体制相适应的道德体系的最新认识成果，标志着我国公民的道德建设进入一个新的发展阶段。

（2）家庭美德规范。家庭是社会关系的一种特殊形式，有两种力量可以维系家庭关系存在发展：法律的力量和家庭伦理道德的力量，法律能调节家庭关系和维护家庭成员的合法权益。但仅有法律的调节还是不够的，还必须有家庭道德来维系和调节。

（3）社会公德规范。社会公德是全体公民在社会交往和公共生活中应该遵循的行为准则，涵盖了人与人、人与社会、人与自然之间的关系。在现代社会，公共生活领域不断扩大，人们相互交往日益频繁，社会公德在维护公众利益、公共秩序，保持社会稳定方面的作用更加突出，成为公民个人道德修养和社会文明程度的重要表现。要大力倡导以文明礼貌、助人为乐、爱护公物、保护环境、遵纪守法为主要内容的社会公德，鼓励人们在社会上做好公民。

（二）"济世安邦"——道德促使社会和谐

1. 道德的作用与力量

当人类开始意识到人与人之间利益关系的矛盾时，道德作为一种社会现象，就以风俗习惯等形式展示着其特有的力量，使社会关系中的每一个体既受它的制约又受它的恩惠，维系着人类社会步履维艰地跨入文明时代的门槛。自从有阶级社会以来，道德作为一种特殊的社会意识形态，同法律紧密结合在一起，两者相辅相成、相互促进，各以其独特的功能维护社会秩序、规范人们的思想和行为，成为推动经济社会发展进步的重要力量。

（1）社会主义道德的社会作用：

第一，社会主义道德能促进社会主义经济关系的巩固和完善，保障社会主义市场经济沿着社会主义方向健康发展。社会主义的本质就是"解放生产力、发展生产力，消灭剥削，消除两极分化，最终实现共同富裕"（邓小平）。

第二，社会主义道德对于维护安定团结的政治局面，维护社会经济秩序和生活秩序起着重要作用。

第三，社会主义道德是调动劳动群众生产积极性，提高劳动生产率的精神动力。

第四，社会主义道德对政治、法律、文化等社会意识形态具有能动的促进作用。

（2）道德的力量：从本质上看，道德是由经济基础决定的，是社会经济关系的反映。它以能动的方式把握世界，依靠人们的内心信念、社会舆论和风俗习惯的力量，说服、劝导人们选择道德行为，履行社会义务和责任，引导、激励人们自觉扬善抑恶、追求高尚、完善人格。道德的社会功能与作用，与社会发展的不同历史阶段紧密相连，具有鲜明的时代性和针对性。

2. 加强个人品德修养

（1）个人品德修养是其他三个道德的基础。只有加强个人品德修养，才会有良好的社会公德。

社会公德是全体公民在社会交往和公共生活中必须共同遵守的准则，是社会普遍公认的基本的行为规范。主要内容有文明礼貌、助人为乐、爱护公物、保护环境、遵纪守法等。

（2）个人品德修养是治国立身之本。中国从古至今都十分重视个人品德的修养，并把它提到治国安邦、立身处世的高度。《四书》是中国传统文化之宝典，是两千年来人们的行为规范的之圣经。其首篇《大学》开宗明义："大学之道，在明明德，在亲民，在止于至善。"指出，治国安邦平天下学说的道理，在于净化自己的光明的德性、在于用这种德性去使民众自新、在于使人达到善的最高境界。

3. 良好道德是人生发展、社会和谐的重要条件

在现实生活中，由于每个人所面临的客观环境与主观条件不同，每个人的生活方式和生活心态也就不同。通过经验观察的方法，对现社会中人的生活方式和生活心态加以归纳分类，大致有以下五种：一是承受生活；二是应付生活；三是占有生活；四是糊弄生活；五是创造生活。

人既要在他的社会化过程中接受和掌握社会经验、知识、文化、道德生活准则、活动形式和交往形式，以便在社会生活中发展自己适应社会生活的能力，又要从对社会生活的适应中相对独立出来，充分发挥人的感知能力，使人和生活保持一种和谐关系，并按照人的需要和目的积极地改造生活，使生活向符合人的需要和目的的方向发展。只有这样，个人才能真正学会生活，进而发现生活的意义。

二、职业道德：职场纵横、职业成功的必要保证

（一）立足本职，提升业务

1. 职业道德须谨记

（1）职业道德的含义。职业道德是指从事一定职业的人在职业生活中应遵循的有职业特征的道德要求和行为准则。人们由于长期从事某种职业，必然在这种职业活动下逐渐养成特定职业心理、职业习惯、职业责任心、职业荣誉感，由此也逐步形成社会对从业人员的职业观、职业态度、职业技能、职业纪律和职业作风等方面的行为标准和要求。

（2）正确理解职业道德。要理解职业道德需要掌握以下四点：

第一，在内容方面，职业道德总是要鲜明地表达职业义务、职业责任以及职业行为上的道德准则。

第二，在表现形式方面，职业道德往往比较具体、灵活、多样。

第三，从调节的范围来看，职业道德一方面是用来调节从业人员内部关系，加强职业、行业内部人员的凝聚力；另一方面，它也是用来调节从业人员与其服务对象之间的关系，用来塑造本职业从业人员的形象。

第四，从产生的效果来看，职业道德既能使一定的社会或阶级的道德原则和规范的"职业化"，又使个人道德品质"成熟化"。

（3）职业道德的特性。社会上的不同职业岗位都具有其特定的社会性质和地

位，都要承担特定的社会责任并享有一定的社会权利。各行各业不同职业岗位的这一性质和地位，决定了其在职业道德方面具有以下特性：

①职业道德具有适用范围的有限性。

②职业道德具有发展的历史继承性。

③职业道德表达形式多种多样。

④职业道德兼有强烈的纪律性。

（4）职业道德的作用。职业道德是社会道德体系的重要组成部分，它一方面具有社会道德的一般作用，另一方面它又具有自身的特殊作用，具体表现在：

①调节职业交往中从业人员内部以及从业人员与服务对象之间的关系。

②有助于维护和提高本行业的信誉。

③促进本行业的发展。

④有助于提高全社会的道德水平。

2. 爱岗敬业要落实

（1）爱岗敬业的意义。爱岗敬业，反映的是从业者热爱自己的工作岗位，敬重自己所从事的职业，勤奋努力，忠于职守，尽职尽责的道德操守。这是社会主义职业道德的最基本的要求。爱岗是敬业的基础，敬业是爱岗的具体表现。

（2）乐业、勤业、精业的关系

大力倡导爱岗敬业的职业道德，是当前公民道德建设中一项十分重要的任务。要想做到敬业，就必须做到：乐业、勤业、精业。

乐业。乐业是敬业的基础，如果从业人员对自己的职业没有爱，也就不能正确认识到自己职业的意义，就不会有献身精神和忠于本职的敬业意识，更谈不上干一行爱一行的爱岗敬业精神。

勤业。勤业是敬业的本质，要求从业人员要脚踏实地地、勤勤恳恳、尽心尽职地做好本职工作，具体来说：首先，要有旺盛的创新力，创新是企业发展的引擎和实现自我价值的动力，对企业的发展和个人目标的实现都将起推动作用。其次，要全身心地投入工作。

精业。精业是敬业的表现，要求从业人员要精通业务，具备扎实的岗位基本功。现代社会的每一个职业，都具有较强的专业性。精业，就是在爱岗敬业的前提下，着力培育精益求精的精神，在工作中更注重的是能干、巧干。精业是市场经济的客观需要。

（3）干一行爱一行。全面建设小康社会的伟大事业正呼唤着亿万具有爱岗敬业这种平凡而伟大的奉献精神的人。我们不论走上哪个工作岗位都要干一行，爱一行。

（二）诚实守信、办事公道

1. 诚实守信、办事公道的基本要求

（1）诚实守信。诚实守信，既是做人的准则，也是对从业者的道德要求，即从业者在职业活动中应该诚实劳动，合法经营，信守承诺，讲求信誉。

（2）办事公道。办事公道是在爱岗敬业，诚实守信的基础上提出的更高一个层次的职业道德的基本要求。即从业人员在办事情处理问题方面，要站在公正的立场上，按照同一标准和同一原则办事的职业道德规范。在职业活动中做到公平、公正，不谋私利，不徇私情，不以权损公，不以私害民，不假公济私。

2. 诚信和公道的意义

（1）诚信的意义。从哲学的意义上说，"诚信"既是一种世界观，又是一种社会价值观和道德观，无论对于社会还是个人，都具有重要的意义和作用。

第一，诚信是支撑社会的道德的支点。诚信是我国传统道德文化的重要内容之一。

第二，诚信是法律规范的道德。

第三，诚信是治国之计。

第四，诚信是行业立身之本。诚信是为人之道，是立身处事之本，是人与人相互信任的基础。

（2）公道的意义。自古以来，秉公办事都被传为美谈，比如三国时诸葛亮执法公正、挥泪斩马谡的故事被人千古传颂。宋朝的包公，几乎是家喻户晓。人们敬仰包公，就是因为他办事公道，能秉公执法。

3. 培养诚实、守信、公道的品质

（1）培养诚实、守信的品质。诚实守信是我们民族的传统美德。敬爱的周恩来总理一贯提倡，"说老实话，办老实事，做老实人"，并身体力行，将此提到为人处世的一个规范和准则。一代哲人陶行知先生，曾称赞"傻瓜种瓜，种出傻瓜，惟有傻瓜，救得中华"。

（2）怎样才能做到办事公道。

第一，要热爱真理，追求正义。

第二，要坚持原则，不徇私情。只停留在知道是非善恶标准的程度是不够的，还必须在处理事情时坚持标准，坚持原则。

第三，要不谋私利，反腐倡廉。

第四，要不计个人得失，不怕各种权势。

第五，要有一定的识别能力。真正做到办事公道，一方面与品德相关，另一方面也与认识能力有关。

（三）服务群众、奉献社会

1. 服务群众、奉献社会的基本要求

（1）服务群众。要求从业者在职业活动中一切从群众的利益出发，为群众着想，为群众办事，为群众提供高质量的服务。

社会主义道德的核心是为人民服务，职业场所是体现这一核心要求的重要领域。职业活动为人民服务获得了具体的内容和表现形式，为人民服务的道德要求也在职业活动中表现出强大的生命力。

（2）奉献社会。要求从业者在自己的工作岗位上树立奉献社会的职业精神，并通过兢兢业业的工作，自觉为社会和他人做贡献。这是社会上职业道德中最基本的要求，体现了社会主义职业道德的最高目标指向。

2. 服务与奉献

（1）服务的意义。中国社会科学院编、商务印书馆出版的《现代汉语词典》对"服务"的解释是"为集体（或别人的）利益或为某种事业而工作"。服务不论对个人、企业还是社会都具有重要的意义。

（2）树立服务意识。服务意识是指企业全体员工在与一切企业利益相关的人或企业的交往中所体现的为其提供热情、周到、主动的服务的欲望和意识。即自觉主动做好服务工作的一种观念和愿望，应该发自服务人员的内心。

（3）奉献的含义。"奉"，即"捧"，意思是"给、献给"；"献"，原意为"祭"，指"把实物或意见等恭敬庄严地送给集体或尊敬的人"。两个字合起来，奉献就是"恭敬的交付，呈献"。

（4）热情服务、无私奉献。服务是一个动态的过程，具有无限创造性，关键是要有特色。不同的人对服务有不同的理解、不同的理念、不同的行为；同一个人不同阶段、不同背景、不同环境，对服务理解与追求也会有诸多的不同。

三、优良习惯：行为道德、行业风纪的必备要求

（一）提升职业道德境界

1. 相关行业特有的道德要求

（1）干部职业道德。

干部职业道德是党和国家以及其他社会组织的各级领导及工作人员所应遵循的道德准则。自从人类社会有了原始部落氏族首领以来，各种社会就逐步有了对领导者的道德要求。

（2）工人职业道德。

工人职业道德的基本内容是：树立共产主义远大理想，树立共产主义的世界观和人生观；热爱祖国、热爱社会主义、热爱共产党、热爱集体事业、热爱本职工

作；努力学习科学文化知识。

（3）农业劳动者职业道德。

农业劳动者在生产活动中所应遵循的道德规范。是社会主义职业道德之一。在社会分工出现以后，农业是一种最广泛的生产劳动，农业是最基本的劳动职业。

（4）知识分子职业道德。

知识分子职业道德指有一定科学文化知识的脑力劳动者在其工作实践中所应遵循的基本道德规范。它是社会主义职业道德之一。

（5）医务工作者职业道德。

医务工作者职业道德是医务工作者在医疗实践活动中应遵循的道德规范，知识分子职业道德之一。医者须不避艰险，尽心竭力，治病救人，不怕脏臭，不分贵贱贫富、长幼妍媸，一视同仁；不倚一技之长，掠取民众财物。

（6）教师职业道德。

教师职业道德是从事教学工作的脑力劳动者在教学实践中所应遵循的道德规范，知识分子职业道德之一。教师职业道德的产生和发展，是同人们教育活动的发展直接相联系的，它对教师的职业心理和职业理想、形成教师特有的道德习惯和道德传统起重要作用。

（7）学生职业道德。

学生职业道德是在校读书的学生在学习生活中所应遵循的基本道德规范。学生不是终身职业，它只是各种职业的预备队。但学生时期的道德状况，直接关系他们以后走上各种职业岗位的职业道德面貌。因此，学生道德也属于整个职业道德范围之内。

2. 职业道德具有的作用与意义

（1）对职业职责的认识功能。

（2）对行业发展的促进功能。

（3）激励和警示功能。

3. 行业道德自律的含义与特点

（1）行业道德自律的含义。行业是生产相同使用功能和使用目的的产品以及提供相同性质服务的企业的集合体。在市场中，同行企业提供的产品或服务大致相同，所以相互之间竞争激烈。这种竞争可能使企业树立以信誉求发展的经营策略，也可能使企业采取不道德竞争行为。

（2）行业道德自律的特点。

第一，行业道德自律以维护行业利益为最终目的。

第二，行业道德自律对于成员企业具有相当的强制性。

第三，行业道德自律的调控体系由引导、监督和惩戒三个环节组成。

4. 行业道德自律的作用

第一，企业道德与行业利益的相关性使行业道德自律成为强有力的企业道德监管方式。

第二，行业道德自律可以有效克服狭隘的地方保护主义对企业不道德行为的纵容。

第三，行业道德自律可以有效克服在企业行为管理过程中外行人管行内事的低效困境。

第四，行业道德自律可以避免仅靠法律规范企业行为的无力，是法律约束的重要辅助手段。

5. 慎独的含义

"慎独"是我国古代儒家创造出来的具有我国民族特色的自我修身方法。它最先见于《礼记·中庸》："道也者不可须臾离也，可离非道也。是故君子戒慎乎其所不睹，恐惧乎其所不闻。莫见乎隐，故君子慎其独也。"这里强调的"道"不可须臾离之意，是"慎独"得以成立的理论根据。

（二）培养职业行为习惯

1. 职业道德行为养成的内涵

职业道德行为是指从业者在一定的职业道德认知、情感、意志、信念的支配下所采取的自觉活动，对这种活动按照职业道德规范要求进行有意识的训练和培养，称之为职业道德行为养成。

2. 职业道德行为养成的作用

第一，职业道德行为的养成有利于提高自我素质，一个人要干好本职工作，需要多方面的素质，其中最重要的素质就是职业道德素质。

第二，职业道德行为的养成有利于实现人生的价值观，人生的价值实现离不开良好的职业道德行为，人生的追求离不开社会，个人只有把自己融入社会的大事业之中，人生才有意义、才有价值，而人生价值是在服务群众，奉献社会的职业实践中实现的。

第三，职业道德行为的养成有利于抵制不正之风，良好的职业道德行为能使从业者自觉抵制不正之风。

 课堂导学

例题 1：没有良好的道德规范，就无法实现社会的和谐。（判断）

解析：此观点正确。一定的道德观念和道德体系一经形成，就会成为影响人民生活和社会发展的重要力量。公民道德建设，是提高全民素质的一项基础工程。一个社会是否和谐，一个国家能否长治久安，很大程度上取决于全体社会成员的思想道德素质。没有共同的理想信念，没有良好的道德行为，就无法实现社会和谐。

例题 2：下列做法最能体现"慎独"的是(　　)（单选）

A. 书店入口设置感应栏　　　　　　B. 便利店安装监控摄像头

C. 路边放置无人售报摊　　　　　　D. 街边配套自动取款机

解析：正确答案为 C。本题考查的是"慎独"的具体表现。选项 A、B、D 本质上还是一种外部强制，并非无任何外在约束的独处，不符合"慎独"的条件。只有选项 C 的环境最能考验人能否守住道德信念，能否严格按照道德要求来行动，故

本题正确答案为 C。

例题 3：职业道德养成的方法和途径有(　　　　)（多选）

A. 慎独   B. 省察克己

C. 向职业道德榜样学习   D. 在职业实践中身体力行

解析：正确答案为 ABCD。本题考查的是职业道德行为养成的途径和方法，包括以下内容：在日常生活中培养、在专业学习中训练、在社会实践中体验、在自我修养中提高、在职业活动中强化。故本题正确答案为 ABCD。

 ## 强化巩固

一、判断题

1. 道德作用的发挥是靠国家强制力。   （　　）

2. 无论地位高下、能力高低，奉献社会是每个人都能做到的事。 （　　）

3. 市场经济鼓励人才流动，所以倡导爱岗敬业已不合时宜。   （　　）

4. 办事公道是领导的职业道德要求，与普通群众关系不大。   （　　）

5. "人非圣贤，孰能无过"。一切追求职业道德完美的努力都是徒劳的。

（　　）

6. 成大事者，应不拘小节。   （　　）

7. 在职场中对领导要时刻注意礼仪，对下属则不必，否则不能树立威信，不利于工作的开展。   （　　）

8. 在利益面前，诚信往往是脆弱的。   （　　）

9. 道德规范有时须借助舆论的力量对当事人形成压力，所以道德是有强制性的。

（　　）

10. 慎独和内省的道德要求不可能触动所有人，所以是无效的。 （　　）

二、单选题

1. 以下符合我国公民道德规范的做法有（   ）

A. 小王捡到一钱包，将其财产据为己有

B. 小李发挥专业特长，长期免费为路人维修电动车

C. 小张通过"校园贷"取得高息贷款供自己享乐消费

D. 小陈带头组织建校园帮派欺诈同学

2. 我国公民的基本道德规范是（   ）

A. 爱国爱企，明礼诚信   B. 爱国守法，明礼诚信

C. 爱国敬业，诚实守信   C. 遵纪守法，诚实守信

3. 敬业是一种对待职业应有的态度，核心要求是（   ）

A. 认真工作，易得到领导的好评

B. 努力工作，挣钱养家

C. 完成领导交给的任务

D. 对待工作勤奋努力，精益求精，尽职尽责

4. 下列哪一项没有违反诚实守信的要求（   ）

A. 保守企业秘密

B. 为了牟取暴利，制造劣质商品

C. 根据服务对象来决定是否遵守承诺

D. 派人打进竞争对手内部，增强竞争优势

5. 下列哪一项不符合奉献社会的要求（   ）

A. 个人利益服从国家利益和集体利益

B. 积极参加各类公益活动，助人为乐，扶贫救济

C. 兢兢业业做好本职工作，在岗位上服务人民，奉献社会

D. 小慧嫌老人身体的气味难闻，不愿参加学校组织的区敬老院的义务服务活动

6. 慎独是人们提升职业道德境界的重要途径。要做到慎独关键是( )

A. 要有坚定的道德信念

B. 要在"隐"和"微"上下功夫

C. 要做到有人监督与无人监督一样

D. 要理解慎独的内涵

7. 办事公道的具体要求是( )

A. 诚实劳动，合法经营，信守承诺，讲求信誉

B. 热爱自己的工作岗位，敬重自己所从事的职业

C. 公平正义，不计个人得失，明确是非标准，不屈从各种权势

D. 具有奉献意识，通过兢兢业业的工作，全心全意为社会和他人做贡献

8. 我们培养良好的道德品质，关键在于( )

A. 形成道德认识   B. 培养到的感情

C. 树立道德信念   D. 做出道德行为

9. 以下符合诚实守信准则的职业行为是( )

A. 生产含有三聚氰胺的婴儿奶粉

B. 生产含有苏丹红的咸鸭蛋

C. 销售经检疫部门检验盖章的猪肉

D. 销售过期的儿童传染疫苗

10. "不贵于无过，而贵于能改过"，这句话告诉我们( )

A. 生活中犯错误不可怕

B. 要想不犯错误是很难的

C. 犯了错误不可怕，有过而不改才是真正的错误

D. 同样的错误一次又一次地重犯没有多大关系

三、多选题

1. 良好的职业道德的养成 ( )

A. 不能靠突击来实现　　　　　　B. 不能通过空想来完成

C. 靠对不良道德意识的改变　　　D. 靠对良好行为习惯的改变

2. 要提升自身的职业道德修养，就应该(　　)

A. 善于向职业道德模仿学习　　　B. 从小处着手，做好每件职业事

C. 严格按照职业道德的要求　　　D. 在职业实践中身体力行职业规范

3. "人无德不立，国无德不兴"，这句话告诉我们(　　)

A. 社会的发展离不开道德

B. 人生之路离不开道德

C. 道德是建设和谐社会的重要基石

D. 良好的道德是人生发展的重要条件

4. 以下观点对奉献社会理解错误的是（　　）

A. 奉献社会是恪守职业道德的最高境界

B. 奉献社会的要求对普通人而言太高了

C. 每个人尽力做好分内事，不给他人添麻烦也是社会奉献

D. 实现自我价值的同时彰显自身社会价值就是社会奉献

5. 社会公德的内容涉及（　　）

A. 文明礼貌，助人为乐　　　　　B. 爱护公物，保护环境

C. 男女平等，夫妻和睦　　　　　D. 勤俭持家，邻里团结

四、问答题

1. 中共中央印发的《公民道德建设实施纲要》对公民的基本道德规范是如何规定的？

2. 在职业活动中恪守诚实守信的准则，表现在哪些方面？

3. 道德的本质是什么？

4. 简述道德与法律的关系？

5. 以德治国的含义是什么？为什么要坚持以德治国和依法治国相结合？

五、案例分析

1. 某药店奉行"修合无人见，存心有天知"的信誉，坚持货真价实，童叟无欺，诚信经营。

（1）"修合无人见，存心有天知"体现了职业道德修养中的什么观点？

（2）有一次，营销经理意外发现一盒"天王补心丹"中混装了一丸"地榆槐角丸"，马上告诉了老总。如果你是药店老总，你会怎么做？

（3）老总得知情况后，立即下令将已经发售出去的4万盒"天王补心丹"全部追回。请你从职业道德养成的角度评价一下老总的做法？

（4）如果你是老总，为了避免类似事故重演，你将如何指导员工运用内省的方法强化职业道德意识？

2. 王晓毕业于某职业学校的会计专业，由于能吃苦、肯学习、业务精，很快得到老板的信任，并被提升为公司的财务主管。一天老板对他说："我非常信任你，你对业务也很精通，为公司做一份假账吧，目的是骗过税务机关，公司可以少缴一些税款。"为了忠于老板，王晓竭尽全力为公司做假账欺骗税务机关，还协助老板向有关人员行贿。

王晓的做法对吗？为什么？如果你是王晓，你应该怎么做？在职业活动中我们应该如何践行职业道德规范，抵制行业不正之风，反对职业腐败？

专题三　弘扬法治精神　当好国家公民

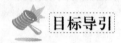 **目标导引**

1. 认知目标：

（1）知道法律的含义；

（2）知道纪律的含义；

（3）懂得没有规则就没有正常秩序；

（4）了解纪律与法律的主要异同点；

（5）认清职业活动中违背规则的危害；

（6）理解依法治国的基本要求。知道维护社会主义法制的统一、尊严和权威，要求政府依法行政，要求司法机关公正司法；

（7）了解社会主义法治理念的内涵；

（8）懂得树立民主法治、自由平等、公平正义理念对学生的行为要求；

（9）了解宪法是根本大法；

（10）理解宪法的法律效力；

（11）知道依法治国的基本方针；

（12）实施依法治国的重大意义；

（13）知道法律实现正义的两种方式，了解两种方式的基本特点；

（14）明确实现程序正义的基本标准，知道实现程序正义的意义；

（15）明确在实际生活中公民解决纠纷的非诉讼方式；

（16）知道三大诉讼及三大诉讼的受案范围；

（17）了解法院管辖的分类；

（18）了解我国诉讼程序的一般过程，明确民事诉讼的一审程序；

（19）明确证据的种类及作用；

（20）了解三大诉讼中举证责任的不同。

2. 情感态度观念目标：

（1）理解严守规矩的意义，增强规则意识、法治意识、遵纪守法观念；

（2）以遵纪守法为荣，以违法乱纪为耻；

（3）憎恶违规行为，崇尚按规则办事；

（4）树立调控自己行为的意识；

（5）拥护国家的依法治国方略；

（6）憎恶不依法行政、不公正司法的行为；

（7）崇尚民主、公正、平等；

（8）崇尚宪法，维护宪法的权威；

（9）增强公民意识；

（10）培养爱国情感；

（11）树立人民主权观念。

3. 运用目标：

（1）在现实生活中做到遵纪守法；

（2）在有可能违规时调控自己的不良心理；

（3）能够监督执法和司法机关的行为，评论其是否依法办事；

（4）能够分辨具体行为是否符合民主法治、自由平等、公平正义的要求；

（5）以实际行动维护社会主义法治的尊严；

（6）理解维护宪法尊严的意义，能初步分析判断日常生活中的违反宪法的
行为；

（7）履行保障宪法实施的公民职责，坚决与各种破坏宪法权威的行为和倾向作斗争；

（8）正确行使权利，严守权利边界；

（9）学会比较各种诉讼的主要方式，提高辨别能力；

（10）通过案例分析提高收集分析材料、处理有效信息的能力；

（11）依法维护自己的权益。

知 识 架 构

弘扬法治精神，当好国家公民	第六课 理解法治真谛，弘扬法治精神	遵纪守法	走近法律
			纪律与法律
		依法治国	理解依法治国的内涵
			恪守规则，增强遵纪守法意识
			树立社会主义法治理念
			树立法律信仰，维护法律尊严
	第七课 维护宪法权威，树立公民意识	维护宪法权威	维护宪法尊严，关乎公民福祉
			保障宪法实施，公民责无旁贷
		树立公民意识	主权在民，保障人权
			重视权利，不忘义务
	第八课 崇尚程序正义，铭记依法维权	崇尚程序正义	认识程序正义
			程序正义的力量
		铭记依法维权	维权途径面面观
			重视证据，了解诉讼

知识梳理

一、理解法治真谛，弘扬法治精神

（一）遵纪守法

1. 走近法律

法律的含义：法律就是国家按照统治阶级的利益和意志制定或认可并由国家强制力保证其实施的行为规范的总和。

2. 纪律与法律

（1）纪律的含义：纪律是指在一定社会条件下形成的、一种集体成员必须遵守的规章、条例的总和，是要求人们在集体生活中遵守秩序、执行命令和履行职责的一种行为规则。

（2）纪律与法律的关系：纪律与法律都是规范人们行为的准则。无论是违纪还是违法，都必须承担一定的后果，都要受到惩处，这是它们的共性。然而，纪律毕竟是未上升到国家意志层面的运行规则。与纪律相比，法律则是一种概括、严谨、普遍的行为规范，由国家制定并认可，并以国家强制力保障实施。两者在制定主体、规范对象、适用范围、内容多寡详略、处罚方式和强度等方面有很大差别。不过纪律比法律管得更细微和具体，法律不能代替纪律，同样纪律也不能代替法律，纪律不得与国法相抵触。遵纪与守法是一脉相承的，从严重程度看，尽管违纪不如违法，但违纪发展下去就容易发展为危害更大的违法。

（二）依法治国

1. 理解依法治国的内涵

（1）依法治国的含义：就是广大人民群众在党的领导下，依照宪法和法律规定，通过各种途径和形式管理国家事务，管理经济文化事业，管理社会事务，保证

国家各项工作都依法进行，逐步实现社会主义民主的制度化、法律化，使这种制度和法律不因个人意志而改变。

（2）依法治国的基本方针：科学立法、严格执法、公正司法、全民守法。

（3）实施依法治国的重大意义：第一，依法治国是人民当家作主的基本保证。第二，依法治国是发展社会主义市场经济的客观需要。第三，依法治国是社会文明和社会进步的重要标志。第四，依法治国是维护社会稳定、实施国家长治久安的重要保证。

2. 树立社会主义法治理念

（1）树立社会主义法治理念的内容：依法治国、执法为民、公平正义、服务大局、党的领导。

（2）社会主义法治的基本价值取向是公平正义。

（3）社会主义法治的基本原则是尊重和保护人权。

（4）社会主义法治的根本要求在于维护法律权威。

3. 树立法律信仰，维护法律尊严

维护法律尊严，一个很重要的要求是把国家权力全部纳入法治轨道，即"把权力关进制度的笼子"：政府一定要依法行政，司法机关一定要公正司法。

二、维护宪法权威，树立公民意识

（一）维护宪法权威

1. 维护宪法尊严，关乎公民福祉

（1）依法治国的核心：依宪治国。

（2）宪法的地位：在法治国家，宪法是国家的最高权威，具有最高的法律地位。宪法是其他一切法律、法规的立法基础和立法依据，宪法是母法，其他一切法律、法规为子法；宪法具有最高的法律效力，任何法律、行政法规、地方性法规、部门规章等规范性文件都不能与宪法抵触；各政党、各社会组织、全国各族人民都必须以宪法为根本的活动准则，任何组织或个人都不得有超越宪法和法律的特权；同普通法律相比，宪法制定和修改的程序更为严格。

（3）宪法与每个公民的切身利益息息相关。

2. 保护宪法实施，公民责无旁贷

（1）宪法实施有着深刻的现实必要性。

（2）实施宪法需要满足的条件：第一，国家尊重和保障人权；第二，国家权力受到制约；第三，公民尊重和信任宪法。

（二）树立公民意识

1. 主权在民，保障人权

（1）我国宪法确立的人民主权原则的体现：我国宪法第二条规定："中华人民共和国的一切权力属于人民……"

（2）人权的含义：人之为人，有其受到尊重并自我实现的基本需求，这种需求称为人权。

（3）国家尊重和保护人权的做法：第一，进一步完善立法；进一步完善人权执法保障机制；进一步完善人权司法保障制度；增强全社会尊重和保障人权的意识。

2. 重视权利，不忘义务

正确处理权利与义务之间的关系：每个公民既要依法行使政治、经济、文化和社会生活方面的权利，又要自觉履行宪法和法律规定的各项义务，积极承担自身的社会责任。权利与义务是相对的，我们享受权利，须以不侵害他人的正当权利和自由的义务为前提。

三、崇尚程序正义，铭记依法维权

（一）崇尚程序正义

1. "看得见的正义"——认识程序正义

（1）程序正义的含义：过程正义。

（2）程序正义的作用：一方面为纠纷和冲突的解决提供规则程序，另一方面也通过程序来确保纠纷解决过程中的公正性。

2. 笃行"明规则"——程序正义的力量

程序正义的意义：从整体上看，程序正义能确保司法制度的公正，是法治国家的标志，是人治向法治转变的助推器。在现代社会，程序法能否得到严格的遵守，是衡量一个国家司法公正、诉讼民主和人权保障程度的重要标志。第一，程序正义有利于在诉讼中实现实体公平。第二，程序正义促使我们在司法活动中开始重视程序的意义。第三，程序正义强调当事人在法律中的平等地位，当事人可以充分参与到诉讼中来。第四，程序正义还具有吸纳当事人不满情绪的功能。

（二）铭记依法维权

1. 维权途径面面观

（1）依法维权的四种途径：调解、仲裁、行政复议、诉讼。

①调解的含义：是指双方或多方当事人就争议的实体权利、义务，在人民法院、人民调解委员会及有关组织主持下，自愿进行协商，通过教育疏导，促成各方达成协议、解决纠纷的办法。

②仲裁的含义：是指由双方当事人协议将争议提交（具有公认地位的）第三者，由该第三者对争议的是非曲直进行评判并作出裁决的一种解决争议的方法。

③行政复议的含义：是指公民、法人或者其他组织认为行政主体的具体行政行为违法或不当侵犯其合法权益，依法向主管行政机关提出复查该具体行政行为的申请，行政复议机关依照法定程序对被申请的具体行政行为进行合法性、适当性审查，并作出行政复议决定的一种法律制度。

⑤诉讼的含义：是指人民法院根据纠纷当事人的请求，运用审判权确认争议各方权利义务关系，以解决矛盾纠纷的活动，就是俗称的"打官司"。

管辖的含义：我们把依法确定各级或同级法院之间受理一审案件的分工及权限的活动叫做管辖。

2. 重视证据，了解诉讼

（1）证据的含义：它是指诉讼过程中用来证明案件事实的一切凭证和依据。

（2）证据的分类：物证、书证、证人证言、视听资料、鉴定结论和笔录。

（3）举证责任及其内容：当事人经由向法院起诉来保护自身合法权益时，负有依法承担提供证据来证明自己诉讼主张的责任，并须承担因提供不出证据或证据不足而导致的败诉风险，这种责任就是举证责任。在民事诉讼中，法律规定当事人作为原告对自己提出的主张有责任提供证据，叫作"谁主张，谁举证"。在行政诉讼中，要由作为被告的行政机关负责提供做出该具体行政行为的证据和所依据的规范性文件，叫作"举证责任倒置"。在刑事诉讼中，一般而言，对于公诉案件，承担举证责任的是公安机关和检察机关；对于由公民提起的自诉案件，由自诉人承担举证责任。

 课堂导学

例题1：民事诉讼中一般实行的举证原则是(　　)（单选）

A. 谁主张、谁举证 　　　　　　　　B. 由律师举证

C. 由被告举证 　　　　　　　　　　D. 由检察院举证

解析：答案 A 。谁主张谁举证就是当事人对自己提出的主张提供证据并加以证明。是一种举证责任的通俗化说法，便于非法律专业人士理解。一般在民事诉讼中较多采用。此规定的意思是：当事人对自己的主张，要自己提出证据证明。例如：甲认为乙欠了自己钱，就要提出乙欠钱的证据（欠条等），如果乙反过来说钱已经还了，也要提出自己已还的证据。

例题2：下列属于证据的是(　　)（多选）

A. 李某杀人用的尖刀

B. 达某保存的借条

C. 某银行保存的葛某潜入该行的录像带

D. 吉某持有的八级伤残鉴定书使实体结果为人们所接受，消除不满情绪

解析： 答案 ABCD 。证据是指依照诉讼规则认定案件事实的依据。证据对于当事人进行诉讼活动，维护自己的合法权益，对法院查明案件事实，依法正确裁判都具有十分重要的意义。证据包括：①当事人的陈述；②书证；③物证；④视听资料；⑤电子数据；⑥证人证言；⑦鉴定意见；⑧勘验笔录。证据必须查证属实，才能作为认定事实的根据。

例题 3： 公开审判是保障审判民主性和公正性的重要措施，所以，凡人民法院审理的案件绝对要公开审理，允许公民到庭旁听，允许新闻记者采访。（辨析）

解析： 此观点错误。审批公开是有一定限制的，并非绝对。凡涉及个人隐私的案件、涉及国家秘密的案件、涉及商业秘密的案件和未成年人犯罪的案件，是以不公开的方式审理的。

强化巩固

一、单选题

1. 建立和维护社会秩序的两种基本手段是（　　）

A. 习惯和法律　　　　　　　　　　B. 道德和法律

C. 风俗和法律　　　　　　　　　　D. 习惯和风俗

2. 一行人在过马路时遇到红灯，看到近处没有车辆便径直通过。他这样做（　　）

A. 节省时间之举　　　　　　　　　B. 聪明灵活之举

C. 可供学习之举　　　　　　　　　D. 不遵守交通规则之举

3. 社会主义法治的核心内容是（　　）

A. 服务大局　　　　　　　　　　　B. 公平正义

C. 依法治国   D. 党的领导

4. 在发展中国特色社会主义过程中，法治和德治的关系表述正确的是（   ）

A. 法治比德治更重要

B. 德治比法治更重要

C. 法治是德治的前提

D. 法治和德治相互联系、相辅相成、相互促进

5. 依法治国首先是（   ）

A. 依党治国   B. 依民治国

C. 依宪治国   D. 依权治国

6. 公民的合法权益受到侵害时，有权向（   ）

A. 人民法院提起诉讼   B. 公安机关提起诉讼

C. 政府部门提起诉讼   D. 行政机关提起诉讼

7. 根据宪法规定，我国的根本制度是（   ）

A. 民主集中制   B. 人民代表大会制

C. 按劳分配制   D. 多党合作制度

8. 任何公民只要违反了法律，都必须受到追究，法律面前人人平等。这说明的是我国社会主义法制基本要求中（   ）

A. 有法可依的含义   B. 有法必依的含义

C. 执法必严的含义   D. 违法必究的含义

9. 刑事诉讼的起点是（   ）

A. 侦查   B. 立案

C. 审理   D. 受理

10. 某法院法官赵某在审理一起共同犯罪案件中，因其弟是犯罪嫌疑人之一而退出审判活动。这体现了诉讼法的（   ）

A. 回避原则   B. 合议制原则

C. 公安审判原则　　　　　　　　D. 两审终审原则

11. 收集证据要做到客观、合理、合法，有案件有关联。甲公司与乙公司因一份买卖合同的履行发生了纠纷，并提起诉讼。在诉讼过程中，甲公司提供了一盒能证明两公司买卖合同内容的录音带，但法院认为该录音带不是按法定程序收集的，不予认定为案件的证据。这体现诉讼证据的（　　　）

A. 客观性特征　　　　　　　　　B. 关联性特征

C. 合理性特征　　　　　　　　　D. 合法性特征

二、多选题

1. 法律与纪律的区别是（　　　）

A. 制定主体不同　　　　　　　　B. 适用范围不同

C. 内容不同　　　　　　　　　　D. 处罚的方式和强度不同

2. 法的规范作用表现为对人们行为的（　　　）

A. 指引　　　　　　　　　　　　B. 评价

C. 预测　　　　　　　　　　　　D. 强制

3. 依法治国的基本要求是（　　　）

A. 科学立法　　　　　　　　　　B. 严格执法

C. 公正司法　　　　　　　　　　D. 全民守法

4. 2011 年 3 月 10 日上午，全国人大常委会委员吴邦国在十一届人大四次会议上宣布，中国特色社会主义法律体系已经形成。这表明（　　　）

A. 社会生活的各个领域都有法可依了　　B. 这是依法治国的必然要求

C. 立法工作已经完成　　　　　　　　　D. 这是依法治国的前提条件

5. 社会主义法治理念的基本内涵除了依法治国外，还包括（　　　）

A. 执法为民　　　　　　　　　　B. 公平正义

C. 服务大局　　　　　　　　　　D. 党的领导

6. 下列体现了人民主权选择的有（　　　）

A. 某区政府欲引进一大型化工项目，举行环境影响听证会，在各方代表的反对下取消该项目

B. 某人大代表损公肥私，被选民依法罢权

C. 张某为某国有企业的职工监事，对企业的不规范经营提出整改意见

D. 某乡政府欲将一小学部分校舍租给一私企，影响孩子的学习，当地村民联合上访

7. 一个合格的公民应当是（　　）

A. 爱国的   B. 守法的

C. 有责任感的   D. 自觉履行公民义务的

8. 实施宪法，需要做到（　　）

A. 经常修改宪法

B. 崇尚和尊重宪法

C. 以宪法为行为的根本准则，自觉维护宪法

D. 根据宪法规定的原则和精神制定各方面的法律、法规，做到有法可依

9. 宪法是国家的根本大法，体现在（　　）

A. 宪法规定了国家最根本、最重要的制度和原则

B. 宪法是制定其他一切法律、法规的基础，具有最高的法律效力

C. 制定和修改的程序比普通法律更为严格

D. 其他法律、法规没涉及的内容，宪法都有

10. 下列关于人权的阐述正确的有（　　）

A. 我国宪法明确规定国家尊重和保障人权

B. 人权的保障和国家的富强是分不开的

C. 公民既要增强权利观念，又不能抛弃维护国家利益的责任和义务

D. 选举权、受教育权、言论自由权等都是人权的内容

11. 法律实现正义的方式主要有（　　）

A. 社会正义　　　　　　　　　　B. 实体正义

C. 自我救济正义　　　　　　　　D. 程序正义

12. 下列属于非诉讼解决纠纷的方式的有（　　　）

A. 黄某因工伤赔偿数额与所在单位发生争议，经企业调解委员会调解达成和解协议

B. 甲乙两单位因履行经济合同发生纠纷，后提交仲裁，仲裁庭裁决由乙单位负主要责任

C. 王某到县法院起诉秦某借钱不还，法院查明实施后判决秦某在一个月内归还欠款

D. 李某经营的超市里一批货物被镇工商所查封，原因是涉嫌经销假货，李某不服，向区工商局提出申请，要求撤销镇工商所的查封决定

13. 程序正义的积极作用体现在（　　　）

A. 最大限度地保障实体正义的体现

B. 有效地防止权力滥用和司法腐败

C. 有力地保障人权

D. 促使实体结果为人们所接受，消除不满情绪

14. 程序正义实现的标准有（　　　）

A. 裁判者保持中立　　　　　　　B. 当事人充分参与

C. 裁判过程尽量公开　　　　　　D. 当事人责任对等

三、辨析题

1. 法律比纪律更加严谨，是以国家强制力保障实施的行为规范，所以法律可以代替纪律。

2. 强调法治就会妨碍公民行使自由权。

3. 破坏宪法权威，就会导致法治无存。

4. 人民主权原则很抽象，跟我们普通老百姓没多大关系。

5. 公诉案件的公诉人负有举证责任，犯罪嫌疑人、被告人不负举证责任。

专题四　自觉依法律己　避免违法犯罪

 **目标导引**

1. 认知目标：

（1）了解违法行为的含义、类型和分类，明确违法行为具有社会危害性、要承担相应的法律责任；

（2）了解违反治安管理的四类行为及对违反治安管理行为的处罚方式，明确违反治安管理的行为具有社会危害性、要承担相应的法律责任；

（3）知道不良行为、严重不良行为的含义和内容；

（4）认识"黄、赌、毒"的危害，掌握抵制不良诱惑的方法；

（5）了解犯罪的含义及特征，明确犯罪的危害；

（6）了解刑罚的含义及种类；

（7）认识刑法通过打击犯罪起到的积极作用；

（8）了解造成未成年人犯罪的个人因素，掌握保持理智、拒绝犯罪的方法；

（9）明确实施正当防卫的条件；

（10）懂得与违法犯罪作斗争要有勇有谋；

（11）了解职务犯罪的含义及主要内容。

2. 情感态度观念目标：

（1）加强自身修养，在内心筑起防线，自觉抵制不良诱惑；

（2）增强法制观念，依法律己，防微杜渐，远离违法行为；

（3）增强预防犯罪的意识和廉洁自律的意识，树立正确的世界观、人生观和价值观，做守法公民和守法劳动者；

（4）培养见义勇为、见义智为的品质，敢于、善于同违法犯罪行为作斗争。

3. 运用目标：

（1）用所学法律知识规范自身的行为；

（2）逐步形成分辨是非、辨别善恶的能力；

（3）逐步形成自我控制、自我防范的能力；

（4）用所学内容分析犯罪的危害，依法自律；

（5）在实际情境中逐步提高依法保护自己的能力，学会正当防卫，善于与犯罪作斗争；

（6）在今后的工作中自觉远离职务犯罪，珍惜人生，追求真正、永远的幸福。

知 识 架 构

```
自觉依法律己，        第九课          坏习惯须重视        警惕"小恶"行径
避免违法犯罪       预防一般违法行为      规范自身行为        惩治"小恶"之害

                                    少放纵多自控        识别不良行为，远离黄赌毒
                                    杜绝不良行为        抵制不良诱惑，杜绝不良行为

                     第十课           先思考再行动        犯罪与刑罚
                   避免误入犯罪歧途     明确犯罪后果        刑法的作用

                                    有理智有节制        保持理智，拒绝犯罪
                                    善于应对犯罪        有勇有谋，应对犯罪

                                    规范职场行为        职务犯罪的含义
                                    谨防职务犯罪        常见的职务犯罪
```

 知识梳理

一、预防一般违法行为

（一）勿让恶习染青春——坏习惯须重视，规范自身行为

1. 警惕"小恶"行径

（1）违法行为的含义：指违反现行法律法规，给社会造成某种危害的、有过错的行为。

（2）违法行为的类型：按照违反的法律类型，行为可分为行政违法行为、民事违法行为、刑事违法行为和违宪行为。

（3）违法行为的分类：按照情节严重程度，分为一般违法行为和严重违法行为。民事违法行为和行政违法行为属于前者，刑事违法行为属于后者。

（4）违法行为的处罚：无论一般违法行为还是严重违法行为，都要承担相应的法律责任。

（5）治安管理处罚的含义：指对扰乱公共秩序，妨害公共安全，侵犯人身权利、财产权利，妨害社会管理，具有社会危害性，尚不够刑事处罚的，由公安机关给予的处理惩罚。

（6）违反治安管理的行为类型：违反治安管理的行为涵盖面非常广，治安管理处罚法将它们分为四类，分别是扰乱公共秩序的行为、妨害公共安全的行为、侵犯人身权利和财产权利的行为、妨害社会管理的行为。

2. 惩治"小恶"之害

违反治安管理行为的处罚：根据治安违法行为的性质和轻重程度，《治安管理处罚法》相应规定了不同的处罚方式。

（1）警告，是公安机关对违反治安管理行为人的一种否定性评价，是最轻微的

一种治安管理处罚；

（2）罚款，是对违反治安管理行为人处以支付一定金钱义务的处罚；

（3）行政拘留，是短期内剥夺违反治安管理行为人的人身自由的一种处罚，也是最为严厉的一种治安管理处罚；

（4）吊销公安机关发放的许可证，是剥夺违反治安管理行为人已经取得的、由公安机关依法发放的从事某项与治安管理有关的行政许可事项的许可证，使其丧失继续从事该项行政许可事项的资格的一种处罚；

（5）对违反治安管理的外国人，可以对其附加适用限期出境或者驱逐出境。

（二）勿让私欲毁青春——少放纵多自控，杜绝不良行为

1. 识别不良行为，远离"黄、赌、毒"

（1）不良行为的含义和内容：指容易引发未成年人犯罪，严重违背社会公德，尚不够刑事处罚的行为。包括旷课、夜不归宿；携带管制刀具；打架斗殴、辱骂他人；强行向他人索要财物；偷窃、故意毁坏财物；参与赌博或者变相赌博；观看、收听色情、淫秽的音像制品、读物等；进入法律、法规规定未成年人不适宜进入的营业性歌舞厅等场所；其他严重违背社会公德的不良行为。

（2）严重不良行为的含义和内容：指严重危害社会，尚不够刑事处罚的违法行为。包括纠集他人结伙滋事，扰乱治安；携带管制刀具，屡教不改；多次拦截殴打他人或强行索要他人财物；传播淫秽读物或音像制品等；进行淫乱或者色情、卖淫活动；多次偷窃；参与赌博，屡教不改；吸食、注射毒品；其他严重危害社会的行为。

（3）"黄、赌、毒"的含义及危害：指卖淫嫖娼，贩卖或者传播黄色信息，赌博，买卖或吸食毒品的违法犯罪现象，是政府主要打击的对象。对未成年人产生的危害极大，表现为淫秽物品中宣扬的性行为大都是非正常的，传达的性观念也是错误的，从而使未成年人陷入性的误区，发生早恋、早期性行为、甚至实施性犯罪；赌博会使人产生贪欲以及好逸恶劳、尔虞我诈、投机侥幸的错误思想，从而使人生

观、价值观发生扭曲，最终失去钱财、失去朋友、失去家庭，甚至走上违法犯罪的道路；毒品既损害身体健康，也损害心理健康，进而诱发其他刑事犯罪的产生，败坏社会风气。

2. 杜绝不良行为的方法途径

抵制不良诱惑是杜绝不良行为的思想壁垒。首先，我们必须充分认清抵制它需要克服的人性根源，将目标放在经过一定的苦而获得的更大更长远的快乐上，从而取得抵制诱惑的最佳内心武器；其次，我们要学会相应的方法，如慎重交友、提高判断能力，不盲目从众、提高自控能力，善于借力、请长辈朋友监督，依法自律、提高遵纪守法的意识；最后，培养坚强的意志和勇气，坚持正确的选择，勇于直面困难。

二、避免误入犯罪歧途

（一）勿让无知误青春——先思考再行动，明确犯罪后果

1. 犯罪与刑罚

（1）犯罪的含义：指具有严重的社会危害性，触犯了刑法，依据刑法的规定应当受到刑事处罚的行为。

（2）犯罪的特征：社会危害性，即对国家、集体或公民个人有程度不同的危害，是犯罪的本质特征；刑事违法性，即违反刑事法律规定的禁令，是社会危害性的法律表现，是犯罪行为必不可少的一个特征；应受刑罚处罚性，即触犯刑法应当承担相应的法律后果。

（3）刑罚的含义：是国家审判机关依法对犯罪分子使用的最严厉的强制性法律制裁方法，是对付犯罪的主要工具。

（4）刑罚的内容：包括主刑和附加刑两部分。主刑有管制、拘役、有期徒刑、无期徒刑和死刑，附加刑有罚金、剥夺政治权利、没收财产和驱逐出境（只适用于犯罪的外国人）。其中，主刑只能独立适用，附加刑既可以独立适用、也可以附加

适用。

2. 刑法的作用

第一，打击犯罪。使用最严厉的国家制裁手段，对犯罪分子予以严惩，迫使他们改邪归正。第二，预防犯罪。对潜在的已有犯罪动机尚未实施犯罪行为的人具有较强的威慑作用，使其悬崖勒马；同时，对普通人有较强的教育作用，有利于降低全社会犯罪率。第三，保障人权。通过保护合法权益、反对任何非法侵犯，建立起良好的社会秩序和稳定的社会环境，开创国家政治稳定、人民安居乐业的局面，使人权得到更充分的保障。第四，维护公义。犯罪是对社会公平和正义的公然藐视，是对社会秩序的严重破坏。刑法对犯罪进行最严厉打击，同时约束执法人员严格按照法律规定办事，最有效地换来公平和正义。

(二) 勿让遗憾伴青春——有理智有节制，善于应对犯罪

1. 保持理智，拒绝犯罪

导致青春期犯罪高发的原因：固然与家庭、学校和社会的某些因素相关，但最主要的原因还在于未成年人自身。个别未成年人步入犯罪歧途，与他们错误的人生观、价值观有着密不可分的关系。

2. 有勇有谋，应对犯罪

(1) 正当防卫的含义：指为了使国家、公共利益、本人或者他人的人身、财产和其他权利免受正在进行的不法侵害，而采取的制止不法侵害且对不法侵害人造成损害的行为。

(2) 正当防卫构成要件：必须同时具备以下五个条件。起因条件——必须有不法侵害行为发生；时间条件——不法侵害行为必须正在进行；对象条件——只能针对不法侵害者本人实施，而不能涉及与侵害行为无关的第三人；主观条件——防卫行为的动机必须是基于防卫意图；限度条件——防卫不能超过必要限度，对不法侵害人造成重大损害。

(3) 特殊防卫：对正在进行行凶、杀人、抢劫、强奸、绑架，以及其他严重危

及人身安全的暴力犯罪进行防卫时，没有必要限度的限制，对其防卫行为的任何后果均不负刑事责任。

（4）见义勇为的意义：见义勇为是中华民族的传统美德，也是非常可贵的品质。同违法犯罪作斗争，不只是执法机关的任务，还需要广大人民群众的支持，是公民义不容辞的责任。社会正气树不起来，违法犯罪活动就会猖獗。只有在全社会范围内，形成见义勇为、勇于护法的良好氛围，才能有效预防和减少犯罪。

（5）未成年人见义勇为：身为未成年人，与犯罪分子直接对抗不具优势，因此面对犯罪行为时，不仅要勇斗，更要智斗。可以巧妙借助他人或社会的力量，采取灵活多变的方式，保全自己，减少伤害。如拨打报警电话、与歹徒周旋等待救援、牢记歹徒体貌特征和去向、保护作案现场等。

（三）规范职场行为，谨防职务犯罪

（1）职务犯罪的含义：指国家机关、国有公司、企事业单位、人民团体的工作人员利用已有职权实施的犯罪。

（2）常见的职务犯罪：国家工作人员贪污、挪用公款，受贿行贿，滥用职权，玩忽职守，非国家工作人员利用职务侵占、挪用资金等。

 课堂导学

例题1：下列行为不属于治安管理处罚法处罚范围的是(　　)（单选）

A. 李某携带大量鞭炮乘坐火车，被乘警发现

B. 在校生王某不思学习，夜不归宿，屡教不改，踏上社会后，持刀抢劫，致人重伤

C. 张某在公园游玩时，无视警告牌，躺在草坪上拍照，还在雕塑上刻上"到此一游"

D. 陈某酷爱跳舞，经常深更半夜打开音响调至最高，跟随节拍舞动，影响周

围居民休息

解析：答案 B。治安管理处罚法将违反治安管理行为分为四类，扰乱公共秩序的行为、妨害公共安全的行为、侵犯人身权利和财产权利的行为以及妨害社会管理的行为，本题中 A 选项李某的行为违反了禁止携带易燃易爆危险品进站上车的国家规定，属于妨害公共安全的行为；C 选项张某的行为破坏了名胜古迹，属于妨害社会管理的行为；D 选项陈某制造噪音干扰他人正常的生活，属于妨害社会管理的行为；因此，ACD 三个选项都属于治安管理处罚法处罚范围。而 B 选项王某的行为具有严重的社会危害性，是犯罪行为，属于刑法处罚范围。故选 B。

例题 2：下列关于刑罚主刑的说法中，正确的有(　　　)（多选）

A. 主刑包括管制、拘役、罚金、有期徒刑和无期徒刑

B. 管制是最轻的主刑

C. 有期徒刑只适用于较重犯罪

D. 主刑只能独立适用

解析：答案 BD。A 选项错误，主刑包括管制、拘役、有期徒刑、无期徒刑和死刑，罚金属于附加刑。C 选项错误，有期徒刑是剥夺犯罪分子一定期限的人身自由、并强制其劳动改造的主刑之一，其刑罚幅度变化较大，从较轻犯罪到较重犯罪都可以适用。

例题 3：正当防卫是正当的、合法的行为，可以大胆地不受限制地进行。（判断）

解析：此观点错误。刑法规定，正当防卫必须同时具备五个条件，其中之一就是限度条件，即防卫不能超过必要限度、对不法侵害人造成重大损害。因此，可以大胆、不受限制进行正当防卫的描述不正确，与刑法规定背离。

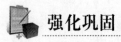 强化巩固

一、单选题

1. 根据治安违法行为的性质和轻重程度,《治安管理处罚法》相应规定了不同的处罚方式。其中,最为严厉的处罚方式是 (   )

A. 罚款

B. 警告

C. 行政拘留

D. 吊销公安机关发放的许可证

2. 不良诱惑就像小小的吸血蝙蝠,静静地靠近你,慢慢地腐蚀你。这表明不良诱惑(   )

A. 是无法战胜的,因而无法沾染

B. 是侵蚀毒害人的,必须自觉抵制

C. 是可以战胜的,沾染以后再改

D. 是强烈吸引人的,无法真正抵制

3. 下列行为中,属于严重违法行为的是(   )

A. 一中学生多次拨打"119"电话,谎报险情

B. 小区广场舞音乐过大,周边多位居民投诉

C. 李某参与打架斗殴,致人重伤

D. 孙某在儿童活动区吸烟,该处设有"禁止吸烟"标志,经人提醒后仍继续吸烟

4. 我国于 1999 年 11 月 1 日正式实施了 (   ),该法自实施以来,在保护未成年人身心健康、优化未成年人成长环境方面发挥了重大作用。

A.《中华人民共和国治安管理处罚法》

B.《中华人民共和国未成年人保护法》

C.《中华人民共和国刑法》

D.《中华人民共和国预防未成年人犯罪法》

5. 据统计,青少年吸毒者中许多人起初是出于无知和好奇,认为吸毒是一种

时髦和享受，结果陷入其中，不能自拔。这一统计结果告诉我们(　　)

① 要珍惜生命，自觉远离毒品

② 吸毒害人害己，祸国殃民

③ 吸毒一两次不要紧，千万不能多吸

④ 要充分认识毒品的危害，坚决抵制毒品的诱惑

A. ①②③　　　　　　　　　　B. ①③④

C. ②③④　　　　　　　　　　D. ①②④

6. 魏某曾是学校的三好学生，但是自从迷上网络游戏，结识了社会上一些游手好闲的"朋友"。在这些"朋友"的怂恿鼓动下，他开始小偷小摸，继而发展为多次潜入同学家中偷盗财物，后在行窃时被当场抓获。这说明(　　)

① 一般违法行为与犯罪行为对社会的危害程度不同

② 一般违法行为与犯罪行为之间没有不可逾越的鸿沟

③ 一个人如果法制观念淡薄，就很容易从一般违法行为发展到犯罪行为

④ 青少年要依法律己

A. ①②③　　　　　　　　　　B. ①③④

C. ②③④　　　　　　　　　　D. ①②④

7. 我国刑法规定负刑事责任的最低年龄是 (　　)

A. 已满 12 周岁　　　　　　　B. 已满 14 周岁

C. 已满 16 周岁　　　　　　　D. 已满 18 周岁

8. 犯罪是最严重的违法行为，它的本质特征是 (　　)

A. 社会危害性　　　　　　　　B. 刑事违法性

C. 应受刑罚处罚性　　　　　　D. 不可控制性

9. 正当防卫的必要条件之一，必须是对正在进行的不法侵害实行防卫。以下对"正在进行"理解正确的是 (　　)

A. 侵害行为刚结束　　　　　　B. 侵害行为即将发生

C. 侵害行为已经发生，尚未结束　　D. 观察到可能要发生侵害行为

10. 17 岁的中职生谢某，在家娇生惯养、父母对他百依百顺，在校上课睡觉、作业拖拉，整天无所事事。某天，因为和同班同学意见不合而大打出手，将对方打成重伤。被抓后，他声称：这是小事，出点钱赔偿就可以了。请分析，造成谢某犯罪的主观原因是（　　）

A. 家庭教育不到位不正确，没有形成正确的价值观

B. 学校管理不严格，纪律不严明

C. 社会没有创造一种良好的环境

D. 法律意识淡薄，自控力差，认识能力低等

二、多选题

1. 下列属于《预防未成年人犯罪法》中明确界定的"严重不良行为"的是（　　）

A. 学生甲多次在学校附近拦截低年级学生，强行索要财物

B. 学生乙多次被学校老师发现躲在厕所抽烟

C. 学生丙喜欢 K 歌，为了玩得更带劲，就吃"摇头丸"

D. 学生丁被发现收看色情、淫秽视频

2. 违反治安管理处罚法的行为有哪些危害（　　）

A. 破坏了社会的稳定，导致正常的社会活动无法进行

B. 危害国家利益，损害他人的合法权益，给国家和人民造成损失

C. 败坏了社会风气，影响社会文明进步和发展

D. 直接阻碍了经济的发展

3. 未成年人在面对违法犯罪时，不仅要勇于斗争，更要善于斗争。可以巧妙采取的措施有（　　）

A. 机智求助他人

B. 利用周围环境逃脱，避免正面冲突

C. 暂时妥协，事后报警

D. 及时调节自己的心理，保持镇静

4. 根据刑法第十七条的规定，已满14周岁不满16周岁的未成年人应当对下列行为负刑事责任的有（　　　）

A. 贩卖毒品   B. 抢劫

C. 投毒   D. 盗窃

5. 下列对"见义勇为"描述正确的有（　　　）

A. 是中华民族的传统美德

B. 有利于弘扬社会正气

C. 有利于加强社会治安综合治理，促进社会主义精神文明建设

D. 国家在对见义勇为行为人补偿后，应追究受益人的补偿责任

三、判断题

1. 未成年人犯罪的主观原因主要是未成年人法律意识淡薄、自控力差等。

（　　　）

2. 我国刑法是惩治犯罪、保护人民的有力武器。 （　　　）

3. 对于公民来说，面对不法侵害，要不惜生命与其殊死搏斗。 （　　　）

4. 刑事违法行为是一般违法行为。 （　　　）

5. 未成年人参与赌博且屡教不改，只是一种不良行为，不用承担任何法律责任。

（　　　）

6. 行政拘留处罚合并执行的，最长不超过三十日。 （　　　）

7. 法律没有明文规定为犯罪的行为，即使有社会危害性也不得定罪处罚，这体现了刑法的罪刑法定原则。 （　　　）

8. 腐败植根于人性中最黑暗的部分，如果得不到有效的制约，任何人都有可能被其传染。 （　　　）

9. 被判处无期徒刑的罪犯终身不能获得人身自由。 （　　　）

10. 杜绝不良行为，是预防违法的主要途径。 （　　）

四、问答题

1. 为什么未成年人更容易陷入犯罪的泥潭不可自拔？

2. 中职生如何抵制不良诱惑？

3. 一般违法行为和严重违法行为有何共性与不同？

4. 见义勇为与正当防卫有何区别?

5. 什么是职务犯罪? 职务犯罪有何危害?

五、案例分析题

情景一：丁某在家养了一条大黄狗，因该狗经常在夜晚长吠，令邻居李某不堪其扰，多次失眠。李某忍无可忍，多次上门与丁某交涉，希望丁某采取措施，但一直未有任何改变。

问题：1. 丁某的行为触犯法律了么？为什么？

2. 如果你是李某，交涉多次未果后，你接下来会怎么做？

情景二：假设丁某因此对李某怀恨在心，在某天晚上在小区内遛狗时，看到李某女儿，故意松开牵狗的绳子。脱缰的大黄狗突然跳到李某女儿跟前，使李某女儿吓了一跳，遂撒腿就跑，狗也在后面追。李某女儿慌不择路，被石块绊倒，腿部受伤。

问题：3. 丁某的行为触犯法律么？为什么？

4. 如果你是李某，你接下来会怎么做？

5. 如果你是当晚在小区内散步的居民，看到这一幕，你会怎么做？

专题五 依法从事民事经济活动 维护公平正义

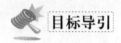

目标导引

1. 认知目标：

（1）了解民事法律关系的含义和民法的调整对象、明确民事主体的种类，学会区分民事权利能力和民事行为能力；

（2）了解人身权的意义和种类，明确各种人身权的内容与法律保护；

（3）了解财产权制度的基本内容，特别是所有权及其取得和变更方式、财产共有关系；

（4）明确用益物权的主要种类及其权利内容，担保物权的分类及其区别；

（5）了解合同的订立、效力与履行规则；

（6）了解结婚的条件与程序、夫妻关系的内容，明确父母与子女的关系；

（7）了解实现就业的途径，懂得正确签订劳动合同，知道劳动合同中常见的陷阱；

（8）了解劳动者享有的权利和义务，懂得通过正当途径解决劳动争议、维护劳动权益；

（9）了解依法设立企业须具备的条件，懂得依法设立企业要遵循的程序；

（10）了解市场中存在的典型的不正当竞争行为，理解公平竞争、合法经营的重要性；

（11）知道商品的生产者、销售者保证产品质量的责任和义务；

（12）了解环境与环境问题，理解我国生态环境恶化的主要原因，明确国家为保护生态环境所采取的措施；

（13）掌握保护环境、从我做起的基本要求，理解保护环境、从我做起的重要作用和意义。

2. 情感态度观念目标：

（1）通过学习民法，树立民法精神，即私法自治、人格独立平等、契约自由的精神；

（2）通过对人身权制度的学习，增强主体意识，尊重生命、自由和人格尊严；

（3）通过财产权制度的学习，提高保护国家、集体和私有财产的意识，理解定分止争，物尽其用；

（4）通过合同法的学习，提高生活中的合同意识；

（5）通过对婚姻家庭制度的学习，增强热爱家庭的情感，承担对家庭、对家人的责任；

（6）增强正确维护劳动权益的意识；

（7）树立公平竞争、合法经营的意识，憎恶不正当竞争的行为；

（8）树立产品质量责任意识，自觉维护人民生命健康安全；

（9）以节约资源、保护环境为荣，以破坏环境、奢侈浪费为耻，崇尚生态文明。

3. 运用目标：

（1）学会用法律思维观察和解析现实生活中发生的各类纠纷；

（2）提高运用法律武器维护自身合法权益的能力，能用所学的法律知识解决身边的一些简单争议，增强实践能力；

（3）能识破求职过程中的陷阱，识别不规范的劳动合同，选择合适的方式解决可能出现的劳动争议，避免自身劳动权益受侵害；

（4）能识别不正当竞争行为，自觉防范和抵制；

（5）自觉抵制假冒伪劣商品，不购买、不使用，因产品质量问题而遭受损害时，会通过正当途径维权；

（6）能改变自身不良的生活习惯，优化自己的生活方式，自觉投身到环保行动中，为国家的环保事业作贡献。

知识架构

依法从事民事经济活动，维护公平正义

第十一课 公正处理民事关系
- 民法精神须领悟
  - 民法与我们的关系
  - 民事法律关系面面观
  - 遵从民法基本原则
  - 人身权利应珍惜
    - 人格权
    - 身份权
- 财产权利不可侵
  - 有利定分止争——所有权
  - 提倡物尽其用——用益物权
  - 确保债权实现——担保物权
- 契约精神要践行
  - 合同就在我们身边
  - 合同的订立及生效
  - 合同的履行及保障
- 温馨家庭共营造
  - 法律为婚姻保驾
  - 法律为家庭护航

第十二课 依法生产经营，保护环境
- 依法处理劳资关系
  - 小心误入求职陷阱
  - 依法签订劳动合同
  - 了解劳动者的法定权利
  - 明晰劳动维权途径
- 依法创业、合法经营
  - 创业程序不可少
  - 公平竞争要牢记
  - 产品质量为根本
- 节约资源保护环境
  - 触目惊心的环境危机
  - 致力环保的法律法规
  - 保护环境的公民力量

知识梳理

一、公正处理民事关系

（一）民法精神须领悟

1. 民法与我们的关系

民法的含义：民法是调整平等民事主体的自然人、法人以及其他非法人组织之间人身关系和财产关系的法律规范的总称，是法律体系中的一个独立的法律部门。

2. 民事法律关系面面观

（1）民事法律关系的含义：指由民事法律规范所调整的社会关系，也就是由民事法律规范所确认和保护的以民事权利和民事义务为基本内容的社会关系。

（2）民事法律关系的要素：民事法律关系主体，简称为民事主体，是指参与民事法律关系、享受民事权利和承担民事义务的人。民事法律关系客体，是指民事法律关系中权利和义务共同指向的对象，一般来说包括五类：物、行为、智力成果、人身权益、财产权利；民事法律关系内容，包括民事权利和民事义务两个方面。

（3）民事权利能力：是民事主体独立地以自己的行为为自己和他人取得民事权利和承担民事义务的能力。

（4）民事行为能力：指民事主体能以自己的行为取得民事权利、承担民事义务的资格。

3. 遵从民法基本原则

民法的基本原则：我国的民事立法上，确立了平等、自愿、公平、诚实信用、守法、公序良俗、禁止权利滥用的基本原则。

4. 人身权利应珍惜

人身权含义和分类：人身权是指民事主体依法享有的、与其人身不可分离而又不直接具有财产内容的民事权利。人身权包括人格权和身份权两大类。

（1）人格权——平等民事主体应享有的独立和尊严。

人格权含义和分类：人格权是指民事主体依法享有的维护其人格独立所必备的，以人格利益为客体的一种民事权利。民法规定的人格权包括生命权、健康权、身体权、姓名权、肖像权、名誉权、隐私权等。

（2）身份权——基于特定身份的民事权利应保护。

身份权含义和分类：身份权是指民事主体因特定身份而产生的民事权利。身份权并非人人都享有，主要包括配偶权、亲权、亲属权等。

（二）财产权利不可侵

1. 有利定分止争——所有权

（1）财产权的含义：财产权是指以财产利益为主要内容，直接体现财产利益的民事权利。主要表现为物权和债权。

（2）物权的含义：物权是指权利人依法对特定的物享有直接支配和排他的权利，包括所有权和他物权（用益物权和担保物权）。

（3）债权的含义：债权是一方请求他方为一定行为或不一定行为的权利。债发生的原因主要有合同、无因管理、不当得利和侵权行为。

（4）所有权的含义：所有权是指所有人依法对自己的财产享有占有、使用、收益和处分的权利。

（5）财产的分类：动产和不动产。

（6）共有的含义：两个或两个以上的人对同一项财产共同享有所有权。

2. 提倡物尽其用——用益物权

（1）用益物权的含义和分类：用益物权是物权的一种，是指非所有人对他人之物所享有的占有、使用、收益的排他性权利。常见的用益物权主要包括土地承包经营权、建设用地使用权、宅基地使用权、地役权。

（2）相邻权的含义：不动产的所有人或使用人在处理相邻关系时所享有的

权利。

3. 确保债权实现——担保物权

担保物权的含义和分类：担保物权是指在借贷、买卖等民事活动中，债务人或债务人以外的第三人将特定的财产作为履行债务的担保。担保物权包括抵押权、质权和留置权。

（三）契约精神要践行

1. 合同就在我们身边

合同的含义：合同又称契约、协议，是平等的当事人之间设立、变更、终止民事权利义务关系的协议。

2. 合同的订立及生效

（1）合同订立的含义：合同的订立又称缔约，是当事人为设立、变更、终止财产权利义务关系而进行协商、达成协议的过程。

（2）要约的含义：要约是指一方当事人以缔结合同为目的，向对方当事人提出合同条件，希望对方当事人接受的意思表示。

（3）承诺的含义：承诺是指受要约人同意接受要约的全部条件而缔结合同的意思表示，即受要约人同意接受要约的全部条件而与要约人成立合同。

（4）合同的形式：根据我国《合同法》的规定，当事人订立合同可以采用口头形式、书面形式和其他形式。

（5）合同的条款：合同的当事人将经过协商后达成一致的意见写入合同中，即成了合同条款。合同条款主要分为必备条款和非必备条款两类。

（6）合同效力：合同效力是法律赋予依法成立的合同所产生的约束力。合同的效力分为四大类，即有效合同，无效合同，效力待定的合同，可变更、可撤销的合同。一份具有法律效力的合同，必须具备以下条件：当事人具有相应的民事行为能力；意思表示真实；不违反法律或社会公共利益。

3. 合同的履行及保障

（1）违约责任的形式：违约责任的三种基本形式，即继续履行、采取补救措施和赔偿损失。除此之外，违约责任还有其他形式，如支付违约金等。

（2）免责事由的类别：法定免责事由和约定免责事由。

（四）温馨家庭共营造

1. 法律为婚姻保驾

（1）结婚的含义：法律上称为婚姻成立，是指男女双方依照法律规定的条件和程序确立婚姻关系的民事法律行为，并承担由此产生的权利、义务及其他责任。

（2）夫妻人身关系的含义：夫妻人身关系是指夫妻双方在婚姻中的身份、地位、人格等多方面的权利义务关系，是夫妻关系的主要内容，主要包括以下内容：夫妻双方地位平等、独立；夫妻双方都享有姓名权；夫妻之间的忠实义务；夫妻双方的人身自由权，有参加生产、工作、学习和社会活动的自由；夫妻住所选定权；禁止家庭暴力、虐待、遗弃等。

（3）夫妻财产关系的含义：夫妻财产关系是指夫妻双方在财产、扶养和遗产继承等方面的权利义务关系，主要由夫妻财产的所有权、夫妻间互相扶养的义务、夫妻间相互继承遗产的权利三部分组成。

2. 法律为家庭护航

父母子女关系的含义：父母子女关系又称亲子关系，法律上是指父母与子女间的权利义务的总和。父母子女关系通常基于子女出生的事实而发生，也可因收养而发生。

二、依法生产经营，保护环境

（一）依法处理劳资关系

1. 小心误入求职陷阱

学生一般求职途径：一是通过本校的毕业生就业指导中心实现就业；二是参加各类招聘会实现就业；三是通过网络、报纸、杂志、广播、电视等媒体渠道实现就业；四是通过个人社会关系渠道实现就业；五是个人在社会实践、毕业实习或业余兼职等方式中实现就业。

2. 依法签订劳动合同

劳动合同的含义：劳动合同是劳动者与用工单位之间确立劳动关系，明确双方权利和义务的协议。

3. 了解劳动者的法定权利

（1）劳动者的法定权利：平等就业和选择职业的权利；获得劳动报酬的权利；休息休假的权利；劳动中获得劳动安全和劳动卫生保护的权利；接受职业技能培训、享受社会保险和福利、提请劳动争议处理、组织和参加工会、参与民主管理、提出合理化建议，以及进行科学研究、技术革新和发明创造等其他权利。

（2）劳动者的义务：完成劳动任务、提高职业技能、遵守劳动纪律、执行劳动安全卫生规程等。

4. 明晰劳动维权途径

劳动维权途径：协商、调节、仲裁、诉讼。

（二）依法创业、合法经营

1. 创业程序不可少

（1）企业的含义：企业是指以营利为目的，运用各种生产要素（土地、劳动力、资本、技术和企业家才能等），向市场提供商品或服务，实行自主经营、自负盈亏、独立核算的法人或其他社会经济组织。

（2）企业的设立：企业设立是指为使企业成立，取得合法的市场主体资格而依据法定程序进行的一系列法律行为的总称。设立企业必须具备法律规定的条件，具体包括：企业的经营范围必须符合法律的规定；有符合法律规定的名称；有企业章程或者协议；有符合法律规定的资本；有相应的组织机构和从业人员；有必要的经营场所和设施。

2. 公平竞争要牢记

（1）不正当竞争行为的含义：不正当竞争行为是指经营者在市场竞争中，采取非法的或者有悖于公认的商业道德的手段和方式，与其他经营者相竞争的行为。

（2）不正当竞争行为的表现：假冒仿冒、独占排挤、滥用行政权力、暗中贿赂、虚假宣传、侵犯商业秘密、低价倾销、强行搭售、不当有奖销售、损害名誉、串通招投标。

3. 产品质量为根本

（1）产品质量责任的含义：是指产品的生产者、销售者以及对产品质量负有直接责任的人不履行《产品质量法》规定的产品质量义务应承担的法律后果。

（2）产品缺陷致人损害的责任承担：因产品存在缺陷造成他人人身、财产损害的，受害人拥有选择权，既可以向产品的生产者要求赔偿，也可以向产品的销售者要求赔偿。

（三）节约资源保护环境

1. 触目惊心的环境危机

环境问题的含义：环境问题是指由于人类活动作用于周围环境所引起的环境质量变化，以及这种变化对人类的生产、生活和健康造成的影响。

2. 致力环保的法律法规

我国《环境保护法》规定的基本制度：环境影响评价制度；"三同时"制度；排污收费制度；许可证制度；限期治理制度；环境污染与破坏事故的报告及处理制度。

3. 保护环境的公民力量

中职生保护环境的努力方向：提高环保意识；养成环保习惯；遵守环保法规。

 课堂导学

例题1：小李16周岁，在淘宝网上开网店，月收入三千元，他是完全民事行为能力人。（判断题）

解析：正确。本题考查的是民事主体的资格要件。根据年龄和智力状态，16周岁以上不满18周岁的公民，以自己的劳动收入为主要生活来源者，是完全民事行为能力人。本题中，小李虽然16周岁，但有自己的劳动收入，所以视为完全民事行为能力人。

例题2： 某夫妇带自己的儿子拍摄了周岁照片作为留念，此照片被摄影师江某盗用卖给了某公司，该公司将此照片使用在广告中，江某和该公司侵犯了他人的（　　）（单选题）

A. 名誉权　　　　　　　　　　　B. 姓名权

C. 肖像权　　　　　　　　　　　D. 隐私权

解析：正确答案为C。本题考查的是依法维护他人的肖像权。民法通则规定，公民享有肖像权，未经本人的同意，不得以营利为目的使用公民的肖像。本题中，江某和相关公司私自将他人的照片出售营利，侵犯了他人的肖像权。

例题3： 小董在长江科技电子有限公司工作了7年，2016年申请休年休假，公司以生产忙，且小董与公司签订的劳动合同中未明确约定年休假，因此不予批准，下列说法错误的是（　　　　）（多选题）

A. 公司的做法是正确的，因为双方在合同中没有约定年休假

B. 公司的做法是错误的，因为该做法侵害了小董获得劳动报酬的权利

C. 小董的做法是错误的，因为他的做法侵害了公司的利益

D. 小董的做法是正确的，因为劳动者享有休息休假的权利

解析：正确答案为ABC。本题考查的是劳动者的权利。法律赋予了劳动者休息休假的权利，劳动合同中未约定年休假，公司并不批准年休假，明显侵害了小董休息休假的权利，所以，小董的做法是正确的，公司的做法是错误的。

强化巩固

一、判断题

1. 根据民法规定，人身权包括人格权和身份权。（   ）

2. 结婚必须男女双方完全自愿，不许任何一方对他方加以强迫，但允许第三者加以干涉。（   ）

3. 加强环境保护必须健全环境保护法律制度。（   ）

4. 具有完全民事行为能力的人签订的合同就能生效。（   ）

5. 对于劳动争议协商不成功的，当事人可以向人民法院申请调解。（   ）

6. 我国法律明确规定，保护国有财产、集体财产和公民的私有财产。（   ）

7. 通信自由、住宅不受侵犯是国家保护公民隐私的具体体现。（   ）

8. 甲从超市买了几瓶啤酒，回家后一个啤酒瓶爆裂，甲的脚被炸伤，甲可以要求超市赔偿。（   ）

9. 财产权的直接目的就是定分止争。（   ）

10. 对劳动者来说，履行义务取决于自己是否自愿。（   ）

二、单选题

1. 在由民法调整的法律关系中，当事人之间在法律地位上的关系是（   ）

A. 上下级关系   B. 隶属关系

C. 平等关系   D. 依附关系

2. 某报社在一篇新闻报道中披露未成年人甲是乙的私生子，致使甲受到同学的嘲笑，甲因此精神痛苦，整天把自己关在家中不愿出门，给甲的学习和生活造成重大影响。按照我国现有法律规定，该报社的行为（   ）

A. 是如实报道，不构成侵权   B. 侵害了甲的肖像权

C. 侵害了甲的姓名权   D. 侵害了甲的隐私权

3. 王某8周岁，为了买玩具，把佩戴的价值近2 000元的玉挂件以50元卖给了李某。王某父母知道后找到李某，李某应该（　　）

 A. 退回玉挂件，多要一些钱

 B. 退回玉挂件，同时，王某父母退回50元

 C. 不退玉挂件，因为买卖是自愿的

 D. 不退玉挂件，因为买卖行为已经发生了

4. 下列选项中，禁止男女双方结婚的情况是（　　）

 A. 直系血亲或两代以内旁系血亲　　　　B. 直系血亲或三代以内旁系血亲

 C. 直系血亲或四代以内旁系血亲　　　　D. 直系血亲或五代以内旁系血亲

5. 顾明发现家附近的大排档每天会将大量的麻雀制作成菜肴销售给食客，他及时向工商部门举报，后该大排档受到了处罚，停止销售麻雀制作的菜肴。小明同学的行为（　　）

 A. 多此一举，影响他人经营

 B. 不值得提倡，麻雀不是保护动物

 C. 与己无关，做法欠妥

 D. 自觉将环境保护落实到具体行动中

6. 2002年，甲、乙签订了一份转让房屋协议，甲将自己的3间破旧私房作价2万元转让给乙。乙居住1年，于2004年又将该房屋以3万元的价格转让给丙。丙居住1年，于2006年又将该房屋以5万元的价格转让给丁。上述转让均未办理私房过户手续。2006年该市将该房所处地段划为开发区，致使该房屋价格涨至15万元。因前述转让居民未办理过户手续，甲乙丙丁四人为房屋所有权发生争议。根据案情，该房屋所有权（　　）

 A. 归甲所有　　　　　　　　　　　B. 归乙所有

 C. 归丙所有　　　　　　　　　　　D. 归丁所有

7. 希望和他人订立合同的意思表示，且该意思表示内容具体确定，这是合同

订立过程的（　　　）

A. 要约邀请　　　　　　　　　　B. 承诺

C. 要约　　　　　　　　　　　　D. 邀请

8. 季某有一栋可以眺望海景的海边别墅，当他得知有一栋大楼将在别墅前建设，从此别墅不能再眺望海景时，就将别墅卖给想得到一套可以眺望海景的房屋的许某。季某的行为违背了民法的（　　　）

A. 自愿原则　　　　　　　　　　B. 诚实信用原则

C. 等价有偿原则　　　　　　　　D. 公平原则

9. 不动产一般是指土地和（　　　）

A. 家具　　　　　　　　　　　　B. 汽车

C. 手机　　　　　　　　　　　　D. 地上定着物

10. 王某在一家服装店加工服装一套。取服装时，因随身带的钱不够支付加工费，在征得服装店店主同意后将金戒指一枚留下，约定交清加工费后取回戒指。服装店对戒指享有（　　　）

A. 处分权　　　　　　　　　　　B. 质押权

C. 抵押权　　　　　　　　　　　D. 留置权

三、多选题

1. 民事法律关系是由民法调解的平等主体之间的财产关系和人身关系，它包含的要素有（　　　）

A. 主体　　　　　　　　　　　　B. 客体

C. 事实　　　　　　　　　　　　D. 内容

2. 我国物权法规定的用益物权主要包括（　　　）

A. 土地承包经营权　　　　　　　B. 建设用地使用权

C. 宅基地使用权　　　　　　　　D. 地役权

3. 子女对父母履行赡养义务的内容主要包括（　　　）

A. 经济上的供养　　　　　　　　B. 如果父母有经济来源，无需赡养

C. 精神上的尊敬、慰藉、关怀　　D. 生活上的照料

4. 毕业生戴敏应聘在一家企业工作，由于生产任务重，她连续半个月都没有休息，且每天工作时间不低于10个小时，戴敏感到非常疲劳。于是她向经理请假要求休假，但经理说，公司正面临机遇期，要提高经济效益，必须延长工作时间，如果她不能按时完成任务，就要扣发她的工资。戴敏决定走上维权路。小戴可以维权的途径有（　　　　）

A. 与该企业继续协商解决　　　　B. 请工会或第三方与企业协商

C. 向劳动仲裁委员会提出仲裁　　D. 向人民法院提起诉讼

5. 上述第四题案例中，该企业侵犯的戴敏的权利包括（　　　　）

A. 平等就业和选择职业的权利　　B. 休息休假权

C. 获得劳动报酬权　　　　　　　D. 享受社会保障和福利的权利

四、问答题

1. 民事法律关系的三要素是什么？

2. 结婚必须具备哪些条件？禁止结婚的条件有哪些？

3. 一般学生的求职途径有哪些？

4. 法律赋予了劳动者哪些权利？

5. 法律规定的设立企业必须具备的条件有哪些？

五、案例题

1. 中学生沙某，16周岁，身高176厘米，面貌成熟。沙某为了买一辆摩托车，将家中自己名下的一套闲置房卖掉筹购车款。于是与谢某签订了购房合同，谢某支付定金5万元，双方到房屋管理部门办理了房屋产权转让手续。沙某父亲发现此事后，起诉到法院。该房屋买卖合同是否有效？为什么？

2. 唐某职高毕业后应聘到某机械制造公司做冲压工。一年后，在一次工伤事故中，唐某的左手三个手指被压断，定为伤残九级。在与公司协商伤残赔偿时，唐某要求赔偿37万元，而公司只愿意赔偿10万元，唐某的父母见要求未得到满足，召集了二十多位亲属，堵住了公司的大门，声称不满足要求就没完。

观点一：有时就要来点狠的，不然问题得不到解决。

观点二：冲动无助于解决问题，要学会通过正当途径来维护自己的权利。

你赞成哪种观点？如果你是唐某，你会怎样维护自己的权利？

答 案

专题一

一、判断题：

1. √ 2. × 3. × 4. √ 5. √ 6. √ 7. × 8. × 9. × 10. √

二、单选题：

1. A 2. D 3. A 4. D 5. C 6. B 7. A 8. D 9. B 10. A

三、多选题：

1. BD 2. ABCD 3. ABCD 4. ABC 5. BD

四、问答题：

1. 答：（1）个人礼仪的内容包括清洁卫生、服饰合宜、言谈得体、举止优雅等几个方面。

（2）个人礼仪的基本要求：仪容仪表整洁端庄，言谈举止真挚大方，服装饰物搭配得体，面容表情自然舒展。

2. 答：（1）从小事做起，注意细节。一声亲切的称呼、一句得体的问候、一次善意的交谈等细节，看似微不足道，却会影响我们的交往活动。

（2）平等相待，尊重他人。在人际交往中，要真诚待人，与人为善。要善解人意，为他人着想。只有尊重他人，才能赢得相互间的尊重。

（3）顾全大局，求得和谐。当个人利益和集体利益、他人正当利益发生冲突时，应以集体利益为重，尊重他人的正当利益，顾全大局，团结友善，和谐共处。

（4）增强意志力，提高自控力。作为中职生，要不断提高辨别是非的能力，通过增强自我控制力，逐步克服一些影响成长的不良习惯。

3. 答：（1）爱岗敬业、尽职尽责、诚实守信、优质服务、仪容端庄、语言文明。

（2）职业礼仪养成具有的道德意义：

①践行职业礼仪，增加个人自信。职业礼仪可以规范从业人员的言谈举止。在此过程中，你会感觉到自己是个有修养的人，同时由于对别人彬彬有礼、办事妥当，大家自然会有所好评。这些来自内在和外在的好感，都不同程度地提高了从业人员的自信心。

②践行职业礼仪，提高工作热忱。如果在工作中大家都践行职业礼仪，那么我们将会有一个融洽的工作环境、愉悦的工作心情，从而大大提高职场人的工作热忱度，更加爱岗敬业。反之，工作效率也会相应降低。

4. 答：（1）面对上级，首先要尊重，这是人与人友好相处的基础。其次要在工作中配合你的上级：一方面应该顾全大局而不计较个人得失；另一方面要掌握分寸与角色艺术，在正确的时间、地点，以正确的方式尽可能地帮助上级。

（2）面对同事，应注意以下几个方面：

一是性格开朗，拉近同事与你的距离；

二是礼仪周到，不卑不亢，谦恭有礼；

三是竞争含蓄，不要手段、不玩技巧，与同事公平竞争；

四是作风正派，包括勤奋、廉洁的工作作风和正派的生活作风。

5. 答：（1）首先，遵守职业礼仪，不仅会增强企业的凝聚力、帮助企业进行良好的社会交往，而且有效传递信息，最终为企业的竞争力的提升起促进作用。

（2）其次，遵守职业礼仪，我们才能立足社会，立足行业，发展企业，成就自我。

五、案例分析题：

1.（1）从原一平被人称为"矮冬瓜"到被人尊崇为"推销之神"的变化，说明我们要获得成功首先从什么开始？

获得成功，要先做人，先成德。

（2）"值百万美金的笑"为原一平的推销生涯增添了魅力，成功地让别人悦纳了他。那么我们要塑造自身良好的形象，可以从哪些方面入手？

塑造自身的良好形象，要讲究个人礼仪、交往礼仪、职业礼仪，提高个人文明素养。

（3）此故事对你有何启发？

塑造自身的良好形象，要加强内在道德的修养，苦练职业所需要的礼仪，自觉践行礼仪规范，展示自己的职业风采，不断提升自己的文明素养。

2.（1）是什么因素导致这项基本谈成的项目"吹"了？为什么？

是员工的不良形象影响到了企业形象，从而降低了企业的竞争力。

员工的良好形象是企业形象的最好代言，是打造企业形象、增强企业凝聚力、提升企业竞争力的重要方面。

（2）从该员工身上我们可以汲取什么教训？

作为员工不仅代表自己，还代表了公司。员工良好的职业形象，能为企业赢得更多客户，促进企业的发展，赢得市场。反之，则有损企业形象，失去顾客，失去市场，最终在竞争中处于不利地位。

专题二

一、判断题：

1. × 2. √ 3. × 4. × 5. × 6. × 7. × 8. × 9. × 10. ×

二、单选题：

1. B 2. B 3. D 4. A 5. D 6. A 7. C 8. C 9. C 10. C

三、多选题：

1. ABC 2. ABCD 3. ABCD 4. BCD 5. AB

四、问答题：

1. 答：（1）"爱国守法"，强调公民应培养高尚的爱国主义精神，自觉地学法、懂法、用法、守法和护法。

（2）"明礼诚信"，强调公民应文明礼貌、诚实守信、诚恳待人。

（3）"团结友善"，强调公民之间应和睦友好、互相帮助、与人友善。

（4）"勤俭自强"，强调公民应努力工作、勤俭节约、积极进取。

（5）"敬业奉献"，强调公民应忠于职守、克己为公、服务社会。

2. 答：（1）要诚实；

（2）要有信用、讲信誉；

（3）要忠诚所属企业；

（4）要维护企业信誉；

（5）要保守企业秘密。

3. 答：道德是一种社会意识形态，是由经济基础决定的，是社会经济关系的反映。首先，社会经济关系的性质决定着各种道德体系的性质。其次，社会经济关系所表现出来的利益决定着各种道德基本原则和主要规范。再次，在阶级社会中，社会经济关系主要表现为阶级关系，因此，道德也必然带有阶级属性。最后，社会经济关系的变化必然引起道德的变化。

4. 答：（1）从本质上看，法律与统治阶级的道德是一致的，两者都属于同一经济基础之上的上层建筑，并为相同的经济基础所决定；两者的指导思想是一致的；两者都体现相同的阶级意志和共同的历史使命。

（2）从历史上看，不论哪一个统治阶级，都是一方面借助本阶级的道德来为他们的法律规范及实施进行辩护；另一方面，又借助本阶级的法律来维护推行他们的道德。

（3）从内容上看，两者都是社会规范，都是引导和约束人们行为的规矩。它们互相渗透、互相包含。

（4）从作用上看，两者互相补充。道德对法律的创制具有指导作用，对法律的实施具有保护作用；对法律的漏洞具有弥补作用。

5. 答：（1）①以马列主义、毛泽东思想、邓小平理论和"三个代表"重要思想为指导；②以为人民服务为核心，以集体主义为原则；③以爱祖国、爱人民、爱劳动、爱科学、爱社会主义为基本要求；④以社会公德、职业道德、家庭美德的建设为落脚点，建立与社会主义市场经济相适应、与社会主义法律体系相配套的社会主义思想道德体系，并使之成为全体人民普遍认同和自觉遵守的规范。

（2）坚持以德治国和依法治国相结合是因为：①建设中国特色社会主义经济的需要。②建设中国特色社会主义政治的需要。③建设中国特色社会主义文化的需要。

五、案例分析：

1.（1）"修合无人见，存心有天知"体现了职业道德修养中的"慎独"观点。

（2）一是立即检查库存产品是否存在类似问题；

二是在店堂进行公告，将情况告知已购买商品的顾客，如存在类似问题，及时更换药品；

三是联系生产厂家，告知情况，协调进货渠道，查明原因，尽快整改。

（3）①慎独的意义；②老总的做法说明他的道德境界达到了较高的层面，有利于树立企业的良好信誉和形象。

（4）一是引导员工认清错误性质，以及可能带来的后果；

二是引导员工思考对策方法，纠正错误，挽回后果；

三是鼓励员工勇于面对自我，敢于自我改进；

四是鼓励员工坚持内省，立足于日常生活实践和岗位实践，着力于坚持不懈。

2. 王晓的做法对吗？为什么？如果你是王晓，你应该怎么做？在职业活动中我们应该如何践行职业道德规范，抵制行业不正之风，反对职业腐败？

（1）不对。

（2）作假账不仅违背会计职业道德，也是违法的。

（3）坚持会计"不做假账"的职业道德规范，并劝说老板放弃做假账。

（4）应克服私心，牢记国法行规，不以权谋私，不搞权钱交易，自觉反腐倡廉。

专题三

一、单选题：

1. B 2. D 3. C 4. D 5. C 6. A 7. B 8. D 9. B 10. A 11. D

二、多选题：

1. ABCD 2. ABCD 3. ABCD 4. ABD 5. ABCD 6. ABCD 7. ABCD 8. BCD
9. ABC 10. ABCD 11. BD 12. ABD 13. ABCD 14. ABC

三、辨析题：

1. 此观点错误。法律和纪律虽然都是规范人们行为的准则，但二者存在着明显的差别，纪律要比法律管得更细微、更具体，因此法律不能取代纪律。

2. 此观点错误。我国的宪法和法律保障公民自由，但我们要认识到自由是法律所允许的自由，不是不受约束的，从这一点考虑，加强法治恰恰是保障公民更好地行使自由权。

3. 此观点正确。宪法是治国安邦的总章程，是国家的根本大法，在国家政治和社会生活中具有极其重要的地位和作用。维护宪法权威意义极为重大，否则会使国家的法制建设遭到破坏。

4. 此观点错误。人民主权原则看似抽象，但实际就在我们身边，它不仅体现在国家机关由人民产生，对人民负责，国家权力来自人民的授予，还体现在人民可以依照宪法和法律的规定，通过多种途径、采取不同形式，对公共事务发表自己的看法，影响公共决策。

5. 此观点正确。公诉案件的公诉人负有举证责任，公诉人应当向法庭提出证据，证明起诉书对被告人所指控的犯罪事实。如果不能举证，法庭应对被告人作无罪判决。此类案件中犯罪嫌疑人、被告人不负举证责任。

专题四

一、单选题：

1. C　2. B　3. C　4. D　5. D　6. C　7. B　8. A　9. C　10. D

二、多选题：

1. AC　2. ABC　3. ABCD　4. ABC　5. ABC

三、判断题：

1. √　2. √　3. ×　4. ×　5. ×　6. ×　7. √　8. √　9. ×　10. √

四、问答题：

1. 答：这与未成年人在这一特定年龄阶段下所固有的生理和心理特点分不开。

（1）未成年人生理功能迅速发育，使他们的活动量增大，日常学习生活之余仍有大量过剩的精力和体力，在外界不良因素的影响下，过剩的精力常常用之不当；

（2）未成年人内分泌非常旺盛，大脑常常处于兴奋的状态，但自我控制能力欠缺，容易出现冲动性和情景性犯罪；

（3）未成年人性功能逐渐发育成熟，从而产生强烈的性意识，有接触异性的需求，有了性的欲望和冲动，但自我控制能力差，易导致性方面的违法犯罪；

（4）未成年人对于内心的困惑和疑虑，不轻易向家人、老师吐露，却喜欢寻求同龄人的心理支持，易被人引诱走上犯罪道路；

（5）未成年人好奇心旺盛，易受暗示而模仿，自觉或不自觉地受到不良社会风气的影响；

（6）未成年人对自己估计过高，强烈要求独立自主，可能因逃离父母管束而产生强烈的逆反心理和报复心理；

（7）未成年人情绪的兴奋性高、波动性大，遇事冲动，好感情用事，难以保持理智，会不计后果行事。

2. 答：首先，我们必须充分认清抵制它需要克服的人性根源。诱惑之所以能引诱我们，是因为相比学习和工作，它能较方便、直接地给我们带来快乐的享受。

而人的趋乐避苦的本能，会使我们遵从本能，选择享受。但是，我们只要将目标放在经过一定的苦而获得更大更长远的快乐上，那么就能取得抵制诱惑的最佳内心武器，从而使我们的人生路走得更稳、更好；其次，我们要学会相应的方法。慎重交友，提高判断能力；不盲目从众，提高自控能力；善于借力，请家长、老师、同学监督；依法自律，提高遵纪守法的意识；最后，我们还需培养坚强的意志和勇气。面对诱惑，我们要坚定地与其划清界限，拒绝做不负责任的事，坚持正确的选择，勇于直面困难。

3. 答：（1）共同点：都是违法行为，都具有一定的社会危害性，都要受到相应的惩罚，承担相应的法律责任。

（2）不同点：一般违法行为的社会危害性较小，严重违法行为的社会危害性较大；一般违法行为违反的是刑法以外的法律法规，受到刑法以外的法律法规的处罚，而严重违法行为违反的是刑法，受到刑罚处罚。

4. 答：（1）性质不同：见义勇为是一种道德标准，而正当防卫是一个法律概念；

（2）目的不同：见义勇为一般是为了保护他人或国家利益，而正当防卫既可以是为保护自身利益，也可以是为保护他人或国家利益；

（3）对象不同：见义勇为既可以针对犯罪行为，也可以针对其他自然原因等造成的困难，而正当防卫一般针对正在进行的违法犯罪行为。

5. 答：（1）职务犯罪，俗称"腐败"，是指国家机关、国有公司、企业事业单位、人民团体工作人员利用已有职权实施的犯罪。

（2）危害具体表现为以下几个方面：

①严重破坏了社会主义民主政治。工作人员如果在职务活动中歪曲了人民的意志，违背了职务活动的宗旨，甚至把人民赋予的权力当作牟取私利的工具，滥用职权或失职渎职，就会对社会主义民主政治造成严重破坏。

②严重践踏了社会主义法制。实行依法治国，建设社会主义法治国家，是我国的一项基本方略。国家机关及其工作人员是执法者，必须严格依法办事。如果执法

犯法，就会严重损害社会主义法律的统一正确实施和法律尊严。

③造成国家资产的严重损失和流失，破坏公平竞争的经济秩序，造成市场的失控或混乱，危害改革开放，破坏社会主义市场经济建设。

④败坏党风和社会风气，污染社会环境，严重破坏社会主义精神文明建设。

五、案例分析题：

1. 丁某的行为触犯了法律。因为丁某饲养的动物干扰了他人的正常生活，其行为属于妨害社会管理的行为，违反了治安管理处罚法，应到受到相应的治安管理处罚。

2. 李某可以打电话报警，要求民警上门调查取证。先调解，再警告。

3. 丁某的行为触犯了法律。因为丁某故意放任动物恐吓他人并间接导致他人受伤，其行为属于妨害社会管理的行为，违反了治安管理处罚法，应到受到相应的治安管理处罚。

4. 李某可以再次打电话报警，要求公安机关上门调查取证，给予丁某治安处罚的同时，依法向人民法院提起诉讼，主张丁某赔偿其女儿的医药费及精神损失费等经济赔偿。

5. 同违法行为作斗争，不只是执法机关的任务，也是公民义不容辞的责任。因此，作为社会一员，看到小区内有人放任狗吓唬人，应给予以制止，以维护社会正气。当然，未成年人在见义勇为时，应以保证自己不受伤害为前提，勇斗的同时，更要智斗。可以迅速找小区保安反映此事，可以拨打报警电话，可以作为目击证人作证，可以与多位小区居民合力制止，可以上前查看女孩伤势、帮忙联系家长等。

专题五

一、判断题：

1. √　2. ×　3. √　4. ×　5. ×　6. ×　7. √　8. √　9. √　10. ×

二、单选题：

1. C　2. D　3. B　4. B　5. D　6. A　7. C　8. B　9. D　10. B

三、多选题：

1. ABD 2. ABCD 3. ACD 4. ABCD 5. BC

四、问答题：

1. 答：民事法律关系的三个要素分别是主体、客体和内容。

民事法律关系的主体简称为民事主体，是指参与民事法律关系、享受民事权利和承担民事义务的人。

民事法律关系的客体是指民事法律关系中的权利和义务共同指向的对象，主要包括五类：物、行为、智力成果、人身利益、权利。

民事法律关系的内容包括民事权利和民事义务两个方面。

2. 答：（1）结婚必须具备的条件包括：结婚必须男女双方完全自愿，不许一方对他方加以强迫或任何第三者加以干涉；结婚年龄男不得早于22周岁，女不得早于20周岁；符合一夫一妻制的基本原则。

（2）禁止结婚的条件包括：禁止重婚；直系血亲和三代以内的旁系血亲禁止结婚；患有医学上认为的不应该结婚的疾病者禁止结婚。

3. 答：一般学生求职的途径主要有以下几种：一是通过本校的毕业生就业指导中心实现就业；二是参加各类招聘会（主要是学校和人才市场）实现就业；三是通过网络、报纸、杂志、广播、电视等媒体渠道实现就业；四是通过个人的社会关系渠道实现就业；五是在个人社会实践、毕业实习或业余兼职等方式中实现就业。

4. 法律赋予劳动者的权利包括：平等就业和选择职业的权利、获得劳动报酬的权利、休息休假的权利、获得劳动安全和卫生保护的权利、接受职业技能培训、享有社会保险和福利、提请劳动争议处理、组织和参加工会、参与民主管理、提出合理化建议，以及进行科学研究、技术革新和发明创造等其他权利。

5. 设立企业必须具备法律规定的条件，具体包括：企业的经营范围必须符合法律的规定；有符合法律规定的名称；有企业章程或者协议；有符合法律规定的资本；有相应的组织机构和从业人员；有必要的经营场所和设施。

五、案例题：

1. 该房屋的买卖合同无效。因为一方当事人沙某虽年满 16 周岁，但不是以自己的劳动收入作为主要生活来源，是限制民事行为能力人。限制民事行为能力人不能参与重大民事行为。房屋的买卖属于重大民事行为，沙某不具备这种民事行为能力，无权处分房屋产权。因缔约主体资格不合格，导致该合同无效。沙某的父亲为沙某的法定代理人，对于沙某的不与其年龄、智力相适应的民事行为需要其父亲的代理或者得到其父亲的同意或追认才能够具有效力，沙某的父亲事后并未予以追认，所以该房屋买卖合同是无效合同。

2. 赞同第二种观点。可以先跟公司友好地协商，尽量使双方的分歧缩小，达成协议。如不能达成和解协议，可向企业劳动争议调解委员会申请调解，调解达成协议的，制作调解协议书。调解协议书对双方具有约束力，当事人应当履行。也可以不经过协商和调解，直接向劳动争议仲裁委员会申请仲裁。如果劳动仲裁委员会对仲裁申请不予受理或当事人对仲裁裁决不服的，可在规定期限内向人民法院提起诉讼。当然，唐某也可向劳动行政部门或媒体投诉，以获得他们的支持和帮助。